湛庐CHEERS

与最聪明的人共同进化

HERE COMES EVERYBODY

聪明人的逻辑思考力

「論理力の基本」トレーニングブック

[日] 小野田博一 著　胡瑞琳 译

中国财经出版传媒集团
中国财政经济出版社

前言

掌握逻辑思考，其实很简单

掌握逻辑思考，不需要超群的智力。其实，一个正常人在 10 岁时就已经具备理解和驾驭逻辑的智力。这意味着，无法进行逻辑思考的人可能还不如 10 岁的孩子。

因此，本书所涉及的内容并不高深，甚至可以说是连孩子都能看懂的内容。事实上，一些聪明的孩子在 10 岁时，逻辑思考力就已经远超成年人的平均水平。

要问逻辑性的口头与书面表达具有什么优点，秒答似乎有点儿困难，不过，我们很容易想到表达没有逻辑的缺点。其中，最大的一点就是让表达者看起来不太聪明，甚至不如 10 岁的孩子。

有逻辑的口头与书面表达会让对方觉得我们是有智慧、有理性的人。具体来说，有逻辑的表达能让我们清晰准确地向对方传达信息，这一点在国际交流中尤为重要。举个我们身边的例子：英语交流时，由于英语会话完全由逻辑性内容构成，不能谈论逻辑之外的东西，因此有逻辑的表达可以帮助我们更好地用英语交流。

日本人在说话和写作时，形式上时常缺乏逻辑。这主要是因为日本人有自己独特的说话和写作习惯。

举个例子。下面是要寄快递的客人 A 与便利店店员 B 的一段对话。

B：“快递将于明天寄出，您需要指定配送时间吗？”

A：“明天上午能寄出吗？”

B："那明天上午我帮您寄出。"

这类对话在日本非常常见。你能分辨出它哪里逻辑不对劲吗?

可能有很多读者回答不上来。(如果你一眼就注意到问题，或通过思考审视发现了不对劲之处，那么你的思维已经具有高度的逻辑性，本书对你也许不会有太大帮助。)

B 的发言是不对劲的。

A 是问"能否"寄出，而不是说"如果可以，请明天上午寄出"。

B 却将 A 的话自行理解成明天上午寄出，并做出了如上回答。

要使对话具有逻辑性，那么 B 应该只回答"可以寄出"，然后等待 A 做出决定，或询问 A 一句："那需要帮您明天上午寄出吗?"这才是合乎逻辑的。

下面，我再举一个例子。

（会议结束后，会上没有发表意见的两人在电梯中聊天）

员工A：“D计划不太可行吧……”

员工B：“万一出了问题，社长应该会想办法的吧？”

这种随意的对话在生活中很常见。由于不是正式场合下的逻辑性讨论，平时这么说完全没问题。但对思考逻辑而言，这是个很实用的例子。让我们从逻辑角度再来看看上面的例子。

你认为这段对话合乎逻辑吗？答案就是完全不符合。

这是为什么呢？我们会在后文中解答这个问题。

很多人并不清楚逻辑为何物，只有一个模糊的概念。说话时，他们不会思考自己所说的内容是否逻辑有效，更不会判断它是否逻辑有效，甚至没有“判断自己的表达逻辑有效与否是可能的”这一概念。

很多人也并不知道“合乎逻辑的”到底指什么，

只有一种非常不清不楚的印象。因此，他们的对话中时常混杂着逻辑无效和不合逻辑的表达。

为了让我们的表达具有逻辑，剔除其中逻辑无效之处与不合逻辑之处，我们必须充分理解什么是逻辑，什么又是合乎逻辑的。不理解这些概念，仅凭一些表面技巧是行不通的。

首先，让我们探讨一下什么是逻辑吧！

小野田博一

关于本书中的问题

本书中设有许多问题，但读者不用烦恼自己是否都能回答正确，因为这些问题并不是用来测试知识水平或资质的。

本书的目的是让读者了解应掌握的知识，养成应具备的习惯。所以，有时一些测试题会反复出现。解答问题时，能否得出正确答案并不重要，重要的是养成逻辑思考的习惯。

此外，本书还使用了“世界标准”这一概念。当今世界主要的国际通用语言是英语，因此英语的口语表达习惯和写作方式大致上构成了“世界标准”。当然了，并不是英语中所有的表达方式都可称为“世界标准”，但除去一些特例，在“逻辑性表达应该是什么样的”这一点上，英语的确可以承担这一重任。

阅读完本书后，读者应该就能够轻松地解答下面的问题，因为本书的目的就在于培养读者解决下列一类问题的逻辑能力。

为了便于读者更好地理解这些问题的答案和解说，

我把它们留在了靠后的章节中。让我们先从更基础的内容着手。

“人应该××。”

许多人在写作文时，除了通过阐述理由来佐证论点，还习惯在最后加上一句“我想成为能做到××的大人”作为总结，以结束全文。这种写法在读后感里尤其常见。

这种表达方式是否正确呢?

下面是一篇精简版的小论文。该论文的论述方式很常见，其中存在很多缺陷，请列举出它的主要问题。

注意，分析文章时要着眼于文章的表述

方式，而不是文章是否正确。

> 世界人口不断增加，我们必须找出解决粮食短缺问题的具体方法。为此，我们也有必要发展农产品工业化生产技术。今后新技术将不断问世，其中一些技术可能会危害人类。但我认为，我们仍应该重视农产品工业化生产技术发展。

下面是一篇长文章的开头：

> 以前的孩子都是用毛笔在纸上写字，而现在的孩子都是用手指在屏幕上输入文字。因此，现在的孩子字写得不好。

请你举出该文章中的逻辑问题。

下面的文章截取自一篇长文，请问该文章最大的缺陷是什么？

肖邦弹奏的不协和音十分悦耳。但在 19 世纪前期，肖邦的曲子并不受欢迎，许多人觉得他的曲子听起来就像一堆不和谐的音符。然而现代人已经听惯了不协和音，因此许多人甚至没有注意到肖邦经常在曲子里使用这种旋律。

关于逻辑的知识，你了解哪些？

扫码鉴别正版图书
获取您的专属福利

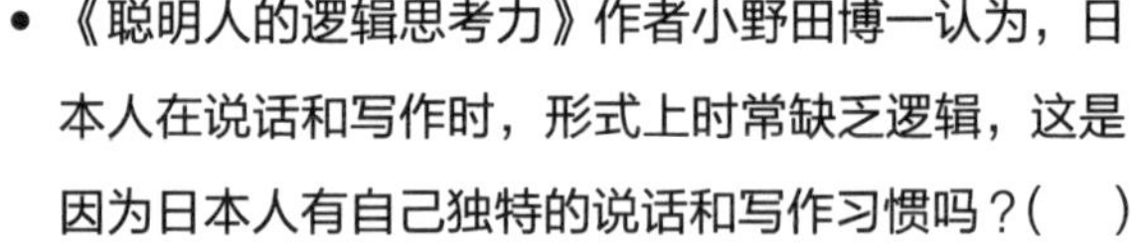

- 《聪明人的逻辑思考力》作者小野田博一认为，日本人在说话和写作时，形式上时常缺乏逻辑，这是因为日本人有自己独特的说话和写作习惯吗？（　）

  A. 是

  B. 否

扫码获取全部测试题及答案
一起了解逻辑思考有哪些维度

- 以下哪种做法有损表达的逻辑性？（　）

  A. 不使用文学修辞

  B. 不使用“我认为”

  C. 能省则省，简洁表达

  D. 使用事实作为依据

- 以下哪个描述是不正确的？（　）

  A. 没有结论或论据的表达，不是论证。

  B. 反驳必须构成论证。

  C. 不属于演绎推理的推理，都属于归纳推理。

  D. 推测属于演绎推理。

扫描左侧二维码查看本书更多测试题

目录

什么是论 01

论的定义

世界上存在着各种不合理的反驳。反驳是指与一个论点对立的论证。有时，不仅是反驳的言论不合理，被反驳的论证本身就不合理。这些论证不仅缺乏逻辑、违背事实，甚至从根本上就不符合论证或反驳的规范，不能称为论证或反驳。

接下来，我将介绍一下论的本质及其正确形式，再介绍反驳是什么。如果不先掌握这些基础性知识，我们就无法理解“逻辑”以及“合乎逻辑的”的意义。

那么，论到底是什么呢?

论一般对应英语中的 argument（论点、争论、辩论），既可以指论证，也可以指议论。但是，如果将

“论”写作“论证”，似乎就将它等同于冗长的议论文；而写作“议论”，则有可能被读者误解为争论。所以本书暂且用“论”代指argument，之后根据上下文关系，可能会写作“论证”或“议论”，在后文中，则统一写作“论证”。

论是指以口头或书面表达做出下列形式的表述。

××是A。因为××是B。

××是B。所以××是A。

在这里，“××是A”为论点，“因为××是B”为支撑论点的论据。长文的情况下，“××是A”就是结论或作为结论的论点，而“因为××是B”是支撑结论的理由或根据。

上面的论证是以句子形式表达的，下面我们将它换成以下形式。

前提：××是B。

结论：× × 是 A。

这就是论；论必须采取这种形式。因此，没有结论或没有论据的表达不能称为论。

论的方式

论点必须是陈述句[1]。疑问句（包括修辞疑问[2]）不能作为论点。

要如实传达意思，就必须采取平铺直叙的方式，不能将句子加工成疑问句。

从数学证明中不使用疑问句这点就能看出，直截了当地表达论点是论证的基础。

1　陈述句：疑问句、祈使句、感叹句之外的句式，如“×× 是 ××”“×× 不是 ××”等。

2　修辞疑问：采取了疑问句的形式，但本质是论点的句子。如：“×× 难道不是 ×× 吗？”

另外，陈述论的行为在英语中称为 argue（论述、争论、辩论）。总之，只有论点的口头或书面表达，以及采用疑问句式或论点不明确的句子都不能称为论述。

下面，让我们通过几个问题来理解以上内容。

下面两个句子，一个是论证，另一个不是，请做出区分。

（a）湖比池大。所以，海里有鱼。

（b）我们要按时吃三餐。

（a）是论证，（b）不是。

（b）只有论点，没有论据，所以不是论证。

当然，（a）存在问题，因为从“湖比池大”不能得出“海里有鱼”的结论。这句话的逻辑无效，但这与其是不是论证没有关系。

如果要把句子（b）“我们要按时吃三餐”修改成论证，应该加上什么呢？

当然是能够支撑“我们要按时吃三餐”的理由了。

下面两个句子，一个是论证，另一个不是，请做出区分。

（a）北边晴空万里，所以明天应该会下雨吧。

（b）Y 市的公立高中强制学生统一穿校服，但采取这种强制措施真的好吗？

（a）是论证，（b）不是。

因为（b）包含“×× 真的好吗？”的疑问

句，并且只指出了造成这一疑问的原因，既没有论点，也没有支撑论点的论据。

此外，本问的（a）虽然与前一问的（a）存在相同的逻辑问题，但这也与其是不是论证没有关系。

那么，如果要将（b）“Y 市的公立高中强制学生统一穿校服，但采取这种强制措施真的好吗?”修改成论证的话，应该加上什么呢?

首先应该将疑问句改为陈述句，如“Y 市的公立高中不应该强制学生穿校服”，在此基础上再陈述相应的理由。这样一来，句子就成了论证。

下面是我们经常能见到的读后感的精简版。

T 做了 ××，难道他不应该 ×× 吗？我们必须好好考虑一下 ××，一定要慎重行动。

你能认出它不是论证吗？应该怎样修改才能让它成为论证呢？

把“难道他不应该”改为“应该”；
陈述相应的理由；
删除表述个人愿望的部分。

论证中不应该包括论点及论据以外的内容，因为从逻辑角度来看除此以外的任何内容都是非必要的。“我们必须……”只阐述了说话人的个人愿望，与论证内容无关。大多数日本人习惯在读后感和作文最后，加上一句无可非议的情感表达。我们很少在其他国家看到这种情况，要注意避免这种多余的表达。

“你穿着袜子吗？”

请从下列回答中选择一个最合适的答案。

（a）“是的，我穿着。”

（b）“我想应该穿着。”

（c）“难道我没穿吗？”

A4

答案应该是（a）“是的，我穿着。”

（b）不合适。问题只问了是否穿着袜子，跟个人的想法没有关系。

当我们遇到询问事实的问题时，不能把说话人的判断作为回答，正确的回答应为“事实是 ××”。

因此，如果采取（b）“我想 ××”的表述方式，就应该先阐述事实，再阐述自己的想法，即“我不知道，但我想我可能穿着”。

（c）错误。疑问句不能作为论点。

要点　**不阐述理由，就无法构成论证。**

什么是反驳 02

反驳应该满足的两个条件

形式上满足以下两个条件的句子即可称为反驳，反之则不构成反驳。

1. 反驳必须是论证

换言之，反驳必须由论点及支撑其的论据组成。

2. 反驳否定的是其所反对论证的论点（或结论）

换言之，反驳是否定原论证论点的论证。

比如，对“××是A”的反驳就是，“××不是A”。

或者，对“××是A。因为××是B”的反驳就是，“××不是A。因为××是C”。

让我再举个例子。

例 “这世界上现存最大的鱼类是蓝鲸，这是因为……”

该论证的反驳可以是“这世界上现存最大的鱼类不是蓝鲸，因为鲸鲨才是最大的鱼类”。

简述论点的话，还可以写成“这种说法不正确，鲸鲨才是最大的鱼类。”

但如果只有“这种说法不正确”或“鲸鲨才是最大的鱼类”这一部分，则不能构成反驳，因为它不构成论证。

当然了，“蓝鲸不是鱼类”也不构成反驳。“这种说法不对，蓝鲸不是鱼类”才构成反驳。

下面，让我们通过几个问题来看看到底什么是反驳。

Q1

下列对话中，Q 能构成对 P 的反驳吗?

P:“这是一头独角兽。因为 ××。”

Q:“这是霍加狓。”

A1

因为 Q 的话中缺少“这不是独角兽”的表述，因此不构成反驳。虽然 Q 的言外之意是“霍加狓不是独角兽”，但省略后，意思就无法清晰地表述出来。论点部分至少要是“那不是独角兽，是霍加狓”才能构成反驳。而且，Q 的话不仅不构成反驳，还缺乏对“这是霍加狓”的理由的阐述，本身不构成论证。

生活中常见的不合理的反驳，主要有以下两种类型：

1. 论点有缺陷
2. 本身不构成论证

许多人以为自己在反驳对方，事实上他们的表述甚至都不算论证。

反驳的不合理之处主要就是以上两点，下文中我会陆续提到其他方面的弊病。

要点 反驳时，首先要彻底否定原论证的论点，再详细阐述论据（理由）部分。

Q2

A:“设计成煤气灯形状的路灯好漂亮啊！很复古。”

B:“只有一部分人喜欢复古风吧。”

你认为 B 的话能构成反驳吗?

A2

B 的话不能构成反驳。

B 只是承认有一部分人喜欢复古风的路灯，所以不构成反驳，也不构成论证。

A:“这豆腐真不错啊！硬硬的。”

B:“没什么口感啊！很普通。”

B 的话还差一部分才能构成对 A 的反驳，请帮 B 补充一下。

A3

B的话缺少对A论点的否定，只阐述了否定的理由。要使B的话构成反驳，需要补充对A论点的否定。

句子可以调整成以下形式:

“这块硬豆腐没什么口感，很普通，所以不怎么样。”

C:“《纯真告别》这本书好像不错，听说很畅销。”

D:“也不一定吧。”

D仅对C的论点提出了疑问，而疑问不构成反驳。请你进行补充，让D的话更加完整。

A4

D 的话缺少质疑 C 的理由。因此，我们需要加上“好书不一定畅销”或“书好不好跟卖得好不好没有关系”之类的说明。

E：“你裙子这么短，违反校规了。”

F：“但大家都这么穿啊！”

请问 F 的话构成对 E 的反驳吗？

A5

F 的话不构成对 E 的反驳。

F 的话省略了前半部分，我们将句子补全可以得到：

F:“对，我违反校规了，但大家都这么穿啊！”

之所以做出如上修改，是因为如果改成“不，我没有违反校规，但大家都这么穿啊”，整句话的逻辑就支离破碎了。

F说“对，我违反校规了”，也就代表F肯定了E的论点，因此不能构成对E的反驳。

“鲸鱼真是一种不可思议的鱼类。”

如果要从下面选择一项作为对这句话的反驳，你觉得哪个最合适？

(a)“不可思议？为什么？”
(b)“鲸鱼是鱼？你傻吗？”
(c)“鲸鱼能喷水哦。”
(d)“这世界上最大的鲸鱼是蓝鲸哦。”
(e)“无所谓啦。”

(f)“怎么了？这是小组作业吗？”

(g)“鸭嘴兽更不可思议啊！”

正确答案是（g）。

我们先撇开题目中的选项，看看对 Q6 的正确反驳应该是什么样的。

“鲸鱼不是鱼，因为它是哺乳动物。”

因为这句话否定了原论证，且陈述了否定理由。虽然原论证只有结论，严格上来说不是论证，但“鲸鱼不是鱼，因为它是哺乳动物”满足了反驳的基本形式，所以是对 Q6 的正确反驳。

（a）不构成反驳，不过我们可以用（a）进行提问。

（b）的后半部分很不妥。议论时话语不能涉及人。我们可以否定对方的意见，但不能贬低对方的性格、能力等。

（c）（d）（f）的回答让人摸不着头脑。（e）虽然否定了“不可思议”，但表述不充分，至少要明确表示“没什么不可思议”，再加上理由才能构成反驳。

（g）省略了论点“鲸鱼没什么不可思议的”，并不完整。但相较其他选项，（g）明确陈述了“鸭嘴兽更不可思议啊”这个理由。如果硬要从（a）到（g）中选择一个，那么只有（g）是最合适的。当然，之后还需要对鸭嘴兽为什么不可思议进行说明。

Q7

G:“莎士比亚的喜剧里总有粗俗的台词，不适合推荐给小孩子阅读。”

H:“小孩子很难察觉到这些。就算有些台词很粗俗，他们也感觉不出什么，反而会觉得有趣吧。”

A7

H的话中缺少对G论点的否定，因此需要进行补充，可以追加如下表述:

“因此就算有些台词很粗俗，也不足以构成不能推荐给小孩子阅读的理由。”

补充后，句子就具备了反驳的形式，不过内容本身好坏与否就是另一回事了。

I:“《婀婷》[1] 这本书很有幻想色彩，是一部好作品。”

J:“我更喜欢现实主义题材的作品。”

请问J的话构成对I的反驳吗?

如果把I的话修改成更接近论证的形式，可以得到:

“因为《婀婷》这本书很有幻想色彩，所以它是一部好作品”。

J并没有否定I的论点，即《婀婷》是一部好作品，只说明了自己的喜好。因此J的话

1 穆特·福开（1777—1843）的小说，德国浪漫主义代表作之一。

不构成论证，自然也就不构成对I的反驳。

I：“《婀婷》这本书很有幻想色彩，所以它是一部好作品。”

请你试写下对I的反驳。

你的反驳是否具备了反驳的基本形式？无论是什么样的内容，只要句子采取了反驳的形式即正确。

下面，我举个例子以供参考：

“《婀婷》虽然很有幻想色彩，但行文风格过于轻飘，并不是一部好作品。而梅特林克的幻想类作品更沉重、更好。”

这样，句子就具备了反驳的基本形式。但在内容上我们有必要对为什么沉重比轻飘好做进一步的阐释。

不要急于反驳，先向对方提问

当对方的发言不构成论证或说明不充分时，不要急于反驳，可以先向对方提问。

下面，我来举个例子。

例 “我们应该让孩子更自由，即使他们做错了事也不能训斥。”

A 的话不构成论证，这时我们应该如何向 A 提问呢？

我们可以这样提问，比如：

“要让孩子自由地做什么呢？另外，不能训斥孩子的理由是什么呢？”

A 提到要让孩子更自由，但没有明确是要孩子自由地做游戏、做恶作剧，还是犯罪。

此外，A 没有表述不能训斥孩子的理由。我们要抓住这些问题，对 A 进行提问。

如果想要反驳，可以在提问之后进行。如果没有将模糊不清的地方弄懂，就贸然否定，可能会让议论变得更加混乱。

“螺旋面包这种点心真不错，大家都在吃。”

我们应该如何回应这句话呢？

A10

如果对方的话中存在漏洞，不要急于反驳，先提问。遵守这一原则，与人的交流就会更高效。提问时，我们可以问"'大家'具体指谁？"或"具体哪方面不错呢？"，等等。

如果无视对方表述中的漏洞，直接反驳说"大家都在吃的东西不一定好"，就会留下很多不明不白，有碍我们得到理想的交流结果。不过，在普通的日常会话中，即使不这么提问也无大碍。

要点 **如果对方的话中存在漏洞，可以先针对漏洞进行提问。**

Q11

A："学生就应该认真。"

B："这种想法过时了吧。"

B 的话很不合理，似乎意指"因为这种想法过时了，所以学生应该认真的论点是错的"，前后逻辑混乱。在议论过程中，前后逻辑混乱容易让议论发展成争吵，所以最好不要这样表述。

那么，A 应该如何回应 B 的话呢？

A11

B 没有说"这种想法过时了，所以……"，因此我们可以提问"所以呢？""所以你怎么想？""你能具体解释一下吗？"，等等。

另外，B 其实应该如何回应 A 呢？

因为 A 没有说明"学生就应该认真"的具体理由，所以在进一步议论之前，B 可以提问"为什么？"或"这样说的理由是什么？"，等等。

Q12

C：“我从没听过这么愚蠢的意见。”

这时，我们应该如何回应 C 呢？

因为C没有说明“从没听过这么愚蠢的意见，所以……”，我们可以对 C 进行提问，比如“所以呢？”或“为什么你觉得这个意见很愚蠢？”，等等。

话说回来，在现实生活中，如果遇到了 C 这样的人，最好不要提问，最妥当的做法是立刻结束对话。因为即使继续议论，这样的人也无法给出建设性的意见。当然了，前提是你处于能够结束对话的情况下。

D：“昨天我喝了蜂蜜水以后感觉舒

服多了，可能因为它很有营养吧。”

如果要提出反驳，我们应该怎么做？

另外，在反驳 D 之前，我们应该做什么呢？

如果要提出反驳，我们可以说：“谁知道呢？就凭这一回，没法下结论吧。”或者说：“这结论靠不住吧。”

另外，由于“可能因为它很有营养吧”这部分解释并不清晰，所以在反驳 D 之前，我们应该先提问。比如“蜂蜜水很有营养是真的吗？具体有哪些营养成分？又有多少？”“你是从哪里得到这些信息的？”，等等。

蝙蝠是哺乳类动物，但它有翅膀，

所以许多人认为蝙蝠是鸟。

请问该论证存在什么问题?

A14

该论证的问题在于，结论部分没有给出证明“许多人认为蝙蝠是鸟”的依据。

如果结论部分写成“所以有人认为蝙蝠是鸟，也没有什么不可思议的”或“所以，可能有许多人认为蝙蝠是鸟”尚且能够接受，但该论证用“所以许多人认为蝙蝠是鸟”这一判断句作为结论，这样一来它的前提就不够充分了。如果一个论证前提不充分，我们就很难判断它的结论是否正确。

最近《少女的港湾》这部小说很受中学生欢迎，很多中学生在读。

请问该论证存在什么问题？应该如何回应？

A15

该论证的问题在于，有关“很多中学生在读”的描述不够具体。我们可以通过提问，向对方寻求更多正确信息，比如：“‘许多中学生’具体指哪些？”

对对方的观点不加分辨，敷衍地回答“是吗？许多中学生都在读啊”，这种做法是不对的。

要点 要学会质疑对方表述的可信度。

这并不是说让大家必须质疑或认定对方的观点不正确。我们要做的是学会独立判断，并在证明依据可信之前不轻易相信对方。

4 种提问，让对方的意思更清晰

为了弄清对方的意思，我们需要进行提问。提问的方式多种多样，但大致可以分为以下 4 种：关于理由的提问、关于事实的提问、关于定义（句意）的提问及关于逻辑漏洞的提问。

1. 关于理由的提问

例 “A 的态度有失妥当。他不应该当着其他下属的面训斥那个下属。”

该观点缺少不应该训斥的理由。我们应该就该点进行提问，比如："为什么不能当着其他下属的面训斥那个下属呢？"

2. 关于事实的提问

例 "最近沙丘猫很受欢迎啊！所以……"

因为该论证没有介绍沙丘猫受欢迎的具体情况，所以可以就这点进行提问。比如："沙丘猫具体受哪些人欢迎？有多受欢迎呢？"

注意像"嗯，最近沙丘猫很受欢迎啊"这样敷衍是不行的。

3. 关于定义（句意）的提问

例 “最近 weeb[1] 越来越多了，所以世界开始向日本逐渐靠拢了。”

如果你不知道 weeb 是什么意思，可以向对方提问，比如：“weeb 是什么意思？”

如果对方的表述中出现了日常少见的词，即使你知道它的意思，也不要有“我知道这个词，所以不用问了”等先入为主的观念。因为说话人的认知与你的认知可能存在出入，所以事先确认一下比较好。

4. 关于逻辑漏洞的提问

例 “乌贼中含有 ××，所以吃乌贼对身体好。”

---

1 weeb：英语俗语，指喜爱日本宅文化的非日本人。

从“乌贼中含有 ××”不能推导出“吃乌贼对身体好”这个结论。该论证中省略了关键内容，导致其逻辑无效。我们可以对原论证中的漏洞进行提问，也就是问：“摄入 ×× 对身体有好处吗？”

认为对方的意思就是“摄入 ×× 对身体有好处”，所以没必要特地问，这是不对的。议论时，要避免先入为主的观念。

要点　对方表述不清晰时，要及时提问。

什么是逻辑 03

逻辑没有定式

论证中一系列前提与结论背后存在的无形之物就是逻辑。如果我们能通过给出的前提正确推导出结论，那么该论证的逻辑有效。英语中，逻辑有效称为 valid。

综上所述，如果一个人的话语或文章缺乏前提或结论，那么该话语或文章就没有逻辑。

下面，让我们来看一个具体例子：

前提 1：A 是 B。

前提 2：B 是 C。

结论：A 是 C。

通过上述论证给出的前提，我们能正确推导出结论。所以，该论证的逻辑是有效的。

那么，逻辑到底在哪里呢？逻辑是看不到的，是没有定式的。

形式正确即逻辑有效

下面，我们尝试把前面例子中的字母换成具体的名词。

前提 1：鹬是鸟。

前提 2：鸟是动物。

结论：所以鹬是动物。

整合句子可以得到：

(a)“鹬是鸟，鸟是动物。因此，鹬是动物。”

怎么样？该论证的逻辑是有效的吧。无论这些字母换成什么，句子的逻辑都有效。

那么，如果我们把字母换成下列名词呢？

（b）“鸸是狗，狗是鱼。因此，鸸是鱼。”

很明显，该论证中的两个前提都不正确，结论也不正确。但是，该论证的逻辑依旧是有效的！

现在，你能稍微理解“逻辑”以及“逻辑有效”的含义了吗？

像（a）这种逻辑有效且前提是事实的论证，在英语中称为sound。sound多被译为“健全、健康”，在逻辑学中则为“逻辑可靠”，用来指逻辑有效且前提为事实的论证。而论证（b）虽然是逻辑有效的，但不是逻辑可靠的。

但对于论证（b），很少会有人觉得“这个句子是有逻辑的”。现实生活中，可靠性往往比有效性更重要。

让我们再来看一个例子。

前提 1：A 是 B。

前提 2：C 是 D。

结论：A 是 D。

该论证的逻辑如何？

从给出的前提，我们并不能推断出结论。因此，该论证的逻辑是无效的。

下面，让我们试着把上述字母替换成具体的名词。

（c）“猫是哺乳类动物，皇带鱼是动物。因此，猫是动物。”

该论证的逻辑如何？由于与之前的论证具有相同的逻辑结构，所以该论证的逻辑同样无效。

虽然两个前提都是事实，结论也是事实，但逻辑无效！这种只陈述了事实的论证既不是逻辑有效的，也不是逻辑可靠的。

现在，你能完全理解“逻辑”以及“逻辑有效”的含义了吗？

下面，让我们通过几个问题来再确认一下“逻辑”的含义。

“今天是星期天。因此，今天是星期天。”

请问该论证的逻辑有效吗？

该论证的逻辑有效。

虽然几乎没有人会认为该句子合乎逻辑，

但“逻辑是否有效”与“是否合乎逻辑”是两回事。

“冲绳秧鸡[1]是爬虫类。爬虫类不会飞，因此，冲绳秧鸡不会飞。”

请问该论证的逻辑是否有效?

该论证的逻辑有效。

可能有不少读者会认为，该例的前提不正确，因此逻辑无效。究其原因，在现实生活中，一个论证是否逻辑可靠比其是否逻辑有效更重要得多。所以，即使没有答对也没关系，不要灰心。

1　冲绳秧鸡：生活在日本冲绳岛的一种不会飞的鸟。——译者注

逻辑是否有效与前提是否为事实无关。该论证的逻辑是有效的，即使它是从一个不正确的前提中推导出了一个正确的结论。

可能很多人会觉得“什么啊，这完全是在胡扯，根本就不合逻辑”。在此，再次提醒大家，“逻辑是否有效”与“是否合乎逻辑”是两个概念。

要点 “逻辑是否有效”与“是否合乎逻辑”是两个概念。

在演绎推理中，学会逻辑

为了把大脑训练到无须思考、仅凭直觉就能理解逻辑为何物的水平，下面，我们将通过演绎推理问题来练习一下。

演绎推理是指从前提中得出百分百正确的结论的推理。

在回答下列问题时，或许有人会心想：“思考这些跟提高平时的逻辑思考力完全没有关系吧?”这种想法是不妥的。因为现实生活中的论证也应该具备恰当的形式，换言之，论证的内容应该建立在机械性思考的基础之上。这种机械性对于逻辑思考是不可或缺的。

Q3

“我是中学生。所以，我是中学生或高中生。”

请问这句话的逻辑有效吗?

有效。

如果我们在现实生活中说出这句话，大概会被朋友吐槽:“你是傻了吗?”

即便如此，这句话的逻辑仍然是有效的。

如果你还不清楚为什么，请接着看下一段对话。

实习老师:“你是中学生或者高中生吧?”

中学生:“是的。”

这名中学生的回答是正确的吧?

Q4

“这幅画很有名，所以这幅画不是名作就是拙作。”

请问这句话的逻辑有效吗？

A4

有效。

本问与前一问的逻辑构造相同，所以很容易判断对错。虽然如此，但要答对也很难。如果没有前一问作为参考，想必很多读者会答错。

前提：夕奈 12 岁。

结论：夕奈 12 岁或 20 岁。

如果夕奈实际上 16 岁，那么上述论证的逻辑是否有效?

A5

有效。

“前提是否为事实”与“论证的逻辑是否有效”无关。

“太郎很少吃板栗，所以太郎现在没在吃板栗。”

请问这句话的逻辑有效吗?

无效。

因为从前提“太郎很少吃板栗”无法推断出“太郎现在没在吃板栗”这一结论。

“绘里香只在星期天读小说。今天是星期天，所以绘里香现在正在读小说。”

请问这句话的逻辑有效吗？

无效。

从“绘里香只在星期天读小说。今天是星期天”这一前提，无法得出“绘里香现在正在读小说”的结论。

假设绘里香只在每月第一个星期天读小说，那么“绘里香只在星期天读小说”也是成立的。换言之，绘里香在除每月第一个星期天以外的星期天里都不读小说。

再假设绘里香只在每个星期天的下午 6 点起读 3 个小时的小说，那么即便今天是星期天，只要“现在”不是下午 6 点到晚上 9 点，绘里香就没在读小说。

“我的雕塑很出色。这个雕塑很糟糕，所以这不是我的雕塑。”

请问这句话的逻辑有效吗？

当然有效。

Q9

“初中男生不能进入舞殿[1]。因此，初中生不能进入舞殿。”

请问这句话的逻辑有效吗？

无效。

因为前提没有说明初中女生能否进入舞殿，因此不能得出“初中生不能进入舞殿”的结论。

1 舞殿：用于演奏神乐的神殿，又称神乐堂或神乐殿。——译者注

“合乎逻辑的”到底指什么 04

两大推理：演绎推理、归纳推理

“合乎逻辑”是一种属于归纳推理的概念，也适用于简单的演绎推理。首先，我来解释一下什么是推理。

推理是指从前提中推导出结论的行为，以及该行为涉及的思维过程。推理分演绎推理和归纳推理两种类型。关于演绎推理，前面已经稍做说明，下面我再详细介绍一下。

演绎推理是指像“因为……是A，所以……是A”这样，理论上能百分百得出正确结论的推理。演绎推理中，能够从前提中正确推导出结论的叫作正确的演绎推理，反之叫作错误的演绎推理。

“我头上戴着红色的蝴蝶结。因此，我头上戴着绿色的蝴蝶结。”

该推理属于演绎推理。请问该演绎推理是否正确？

很明显，该演绎推理不正确。

演绎推理以外的推理叫作归纳推理。归纳推理是指结论并非百分百正确的推理。由于不是百分百正确，因此结论中常包含“可能”“或许”等表示不确定性的词。推测就属于归纳推理。

例 “我早上经常睡过头。所以，我明天也可能睡过头。”

该句属于归纳推理。如果将结论部分改写成肯定句（如下），即事情百分百会发生，那么该句就属于演绎推理。

例 “我早上经常睡过头。所以，我明天（应该）会睡过头。”

这是一个错误的演绎推理。

归纳推理的结论并不要求百分百正确；结论百分百正确的推理属于演绎推理。世界上不存在绝对正确的归纳推理。

对归纳推理来说，推理本身是否给人正确的感觉是最重要的。如果某推理推导出的结论让人感觉非常正确，就可以说该推理是合乎逻辑的。

不属于演绎推理的推理，都属于归纳推理。归纳推理有很多类型，典型的有三类：类比推理、概括推理、统计推理（也称统计推断）。刚刚举出的归纳推理的例子就属于统计推理，虽然其中没有任何称得上统计的数据。

读者不需要记住这些分类，也不需要学会辨别。此处列举类别只是为了让读者更加直观地理解归纳推理是什么。

类比推理

类比推理是指将类似事物进行比较的推理。

例 “蛾是昆虫。蝮有虫字旁，所以蝮也是昆虫吧。”

该推理属于类比推理。但该类比推理得出的结论不正确。

例 “《玛丽安娜的梦》这本书的书脊是橙色的，卖得很好。这本小说的书脊也是橙色的，所以它也卖得很好吧。”

该推理也属于类比推理。

概括推理

概括推理是指从有限的样本中得出一般性结论的推理。

例 “之前在 B 店买的蛋糕都很好吃，所以 B 店的蛋糕都好吃吧。”

这就是一个概括推理。

例 “蜻蜓和蝉都有 6 只脚，因此，昆虫都有 6 只脚吧。”

这也是一个概括推理。

从调查结果中推导出一般性结论的推理，就是概括推理。要得出一个一般性结论，往往需要大量的样本。

但现实中，很多人往往只通过很少的样本就得出了结论，而这样的结论不由得让人怀疑。我们经常能看到电视节目中有“一起来检验 ×× 的效果吧”的环节，节目组往往只做一次实验就草草得出结论。

“我扔了一回骰子，数字 6 朝上。这个骰子好像很容易扔出数字 6。”

请问该论证存在什么缺陷?

缺陷在于，仅凭一次实验就得出结论。从刚才的说明来看，这是不对的。

Q3

“昨天吃晚饭的时候，我喝了点儿蜂蜜水，结果夜深了都没睡着。看来蜂蜜水好像有提神的效果。”

该论证存在两个较大的缺陷，请指出。

A3

该论证中两个较大的缺陷分别是：仅凭一次尝试就得出结论；忽视了其他原因存在的可能性。另外，“夜深了”这一表达不够精确。该论证没有具体说明“我”是到了什么时候才睡着。

统计推理

统计推理指通过概率推导出结论的推理。

例 “这个箱子里的签几乎都是空签，所以如果我抽一个签，应该也是空签吧。”

这就属于统计推理，即通过事情发生的概率来推测结果的推理。

现在，你大致理解“合乎逻辑”是什么意思了吗？

下面，我们对比一下“逻辑有效”与“合乎逻辑”这两个概念的意义。

演绎推理中，能够正确得出结论的论证称为逻辑有效的论证。

例 “鳄鱼是两栖动物。因此，鳄鱼是两栖动物。”

该推理的逻辑有效。

但由于该推理的前提不是事实，因此结论也不是事实。如上所示，“推理的逻辑是否有效”与“结论是否正确”，完全是两回事。

逻辑有效且前提是事实的论证称为逻辑可靠的论证。

在归纳推理中，如果感觉某个论证能够得出一个看似合理的结论，就可以说这个论证是合乎逻辑的，英语中用 logical 表示。也就是说，一个论证是否合乎逻辑，以及它的逻辑性是强还是弱，跟读者和听众的个人感觉有关。我将在下一节对 logical 一词的多种含义进行详细说明。

一个推理要合乎逻辑，就必须具备“合理性”及“给人能得出正确结论的感觉”这两点。归纳推理中的逻辑，也可以叫作道理。“合乎逻辑”与“感觉合理”几乎相同。

许多人会用“逻辑有效”来形容感觉合理的归纳推理，其实严格来讲，这种表述是不正确的。

要点 一个推理要合乎逻辑，就要让人感觉它能够得出正确结论。

怎么表达能让对方觉得合乎逻辑

英语中，“That's logical.”常用来回应、认同对方的表述，意为“确实如此”。合乎逻辑的话语，是能够称为“That's logical.”的话语。

下面，我将对上一节省略的英语词语说明进行详细阐述。

logic

日常生活中，logic 也用来指道理，比如 twisted logic（歪理）。

同样，reasoning 也可以指道理。它的一般解释为引导出结论的思考，比如“逻辑性思考”是 logical reasoning，“分析性思考”是 analytical reasoning。

虽然 logic 既指逻辑，也指道理，但是逻辑和道理并不等同。简单来说，“有逻辑”如字面意思，是指逻辑有效。而“有道理”指内容正确，且逻辑有效。除此之外，它们还存在以下的区别。“……是 A，因此……是 A。”这个句子的逻辑是有效的，通过前提我们能正确推导出结论。但像“女孩子应该把头发梳成一束，所以女孩子应该把头发梳成一束”是没有道理的，因为它的前提和结论相同。

在此追加说明一点。

“那是乌鸦，所以那是乌鸦或水母。”这个句子的逻辑是有效的，看起来似乎也言之有理，但仍然会让人觉得奇怪。这是因为一个表述要有道理，就需要有做出这一表述的正当理由或意义，但如何定义“正当”又是个难题。

logical

logical主要有两个意思，分别是“逻辑的”和“合乎逻辑的”。

logical一词用英语解释会更好理解，所以下面我会从英语出发进行说明。

1. 逻辑的

例 logical structure

logical structure（逻辑结构）这个词很常见，意思如字面，为逻辑的结构。

但我们之前提到逻辑没有定式，因此逻辑也没有结构，这个词本身并不正确。实际上，“逻辑结构”是指论证的结构，即哪个部分是前提，哪个部分是结论，抑或哪个部分是结论，哪个部分是支撑它的理由和根据。

2. 合乎逻辑的

例 logical candidate

它的意思是“合乎逻辑的候选人”吗？解释这个需要花点儿时间。

他当候选人，看起来很合理。

我们把上述句子译成英文，可以得到：

He seemed a logical candidate.

这里的 logical candidate 可以直译成“合乎逻辑的候选人”。

怎么样？理解了吗？在这里，“合乎逻辑的”就是指合理的、符合道理的。知道了这一点，你应该就能顺利理解下面英文的意思了。

例 X would be the next logical step.

该句子的意思是“下一步实施 X 应该是合理的”。

例 logical continuation

这里的 continuation 指继续或持续的事物，但 logical continuation 是指逻辑性的归结？过分直译很难让人理解意思吧？

实际上，as a logical continuation 是指从道理来看的必然结果，也就是符合道理的结果。

比如说，我们在坡道上放一个球，那么球滚到坡下去就是一个 logical continuation。

例 logical explanation

“合乎逻辑的说明？”

explanation 有“说明、解释理由”的意思，这里的 explanation 就是这个意思。

如果平时性情温和、不会无故破坏物品的 A 突然摔坏了很多昂贵的茶壶，那么你肯定会觉得事出有因。用英语来表达就是：

There had to be a logical explanation.

总之，“合乎逻辑的”一词单纯来说，就是指符合道理的、道理上说得过去的。

要点 “合乎逻辑的”就是指符合道理的、道理上说得过去的。

下面两个观点，哪个更合乎逻辑呢？

（a）肺鱼可能是后来回到水中生活的远古时期陆生生物的后代。

（b）肺鱼有肺，所以，它是后来回到水中生活的远古时期陆生生物的后代。

（a）只是一个推测，没有逻辑，不涉及是否合乎逻辑这一问题。

所以正确答案是（b）。

学习时不应该总想着“要集中注意力学习”。

请尝试让该表述具有逻辑性。比如添加理由，将它变成论证的形式，即使理由不太合理也没关系。

A5

我们可以把句子修改成:

学习时不应该总想着“要集中注意力学习”。因为“集中注意力学习”指的是头脑中没有除学习以外的事情，而“集中注意力学习”这种想法属于学习以外的事情，会让我们分心。

3 个不要，找到议论的正确方式

基础说明到这里就正式告一段落，下面我会稍微脱离对逻辑的探索，就议论时应有的方式和态度进行说明。知晓这些普世的标准，能够使议论具有建设性。

1. 表述不要涉及个人

在前文中，我已经对这一点进行了简要说明。议论中要避免“你说错了”或者“你的意见是错的”等表达，尽量采取“这不对”“这个意见不对”等表达。

2. 表述不要情绪化

不愉快的表情、不满的语气和愤怒，只会让对方情绪化，妨碍沟通交流。

3. 不要将感情作为议论对象

交流时我们要规避像“完全没想到”“你这话让人不舒服”之类的表达。表述中不能有个人的主观看法。因为主观看法与议论的核心——逻辑没有关系，只会引起对方的情绪化反应，让对话难以展开。

如果一件事造成的危害让你感到不愉快，那么你应该议论的是危害本身，而不是叙述不愉快的感觉。

要点　有意地采取让议论更具建设性的方式，从而推进对话。

合理性
是论证的关键　05

强论证合理性强，弱论证合理性弱

对归纳推理来说，合理性、准确性、可能性的强弱非常重要。运用归纳推理的论证分强论证和弱论证。其中，强论证合理性更强，而弱论证合理性较弱。论证是否有说服力，与表述的语气和语调没有关系。即使用尽全力、提高声音、把话说得绝对，也不足以使一个表述成为强论证。

归纳推理的合理性与结论成立的概率成正比。确切来说，对归纳推理而言，其结论成立的概率决定了其合理性的强弱。

下面，我们将从多个角度一起来看看什么是合理性，逐步掌握“合乎逻辑的”这一概念。

多个角度看什么才是真正的合理性

请问下列两个论证，哪个更具合理性？

（a）掷骰子连续2次掷出6点，所以再掷一次也是6点吧。

（b）掷骰子连续5次掷出6点，所以再掷一次也是6点吧。

（b）更具合理性。

因为比起（a），（b）结论成立的概率更

大，所以（b）更具合理性。

请问下列两个论证，哪个更具合理性？

（a）掷骰子连续5次掷出6点，所以再掷一次一定是6点。

（b）掷骰子连续5次掷出6点，所以再掷一次可能是6点。

（b）更具合理性。

"一定"相当于英语中的must，表示结论百分百成立。因为就算掷骰子连续5次掷出6点，也不代表下一次百分百可以掷出6点，所以（a）的结论错误。

另外，通过这个例子可以知道，说话绝对并不能增加说服力。如果我们肯定无法肯定的事物，论证就不再具有意义。

下面有两个推理，请问哪个结论更合理，或成立的概率更大呢？

（a）“太郎很少吃栗子。因此，太郎现在正在吃栗子吧。”

（b）“太郎很少吃栗子。因此，太郎现在没有在吃栗子吧。”

正确答案是（b）。

“很少吃”意味着太郎现在正在吃栗子的概率远低于50%，（b）成立的概率比（a）要大，因此（b）是正确答案。

在下面两个问题中，假设掷一次骰子，掷出1点为失败，1 点以外为成功。

A：“我现在掷一次骰子，应该会成功吧。”

请问 A 的话是否具有合理性？

在经过几秒钟思考后，大部分人会觉得“或许吧”“这样想不奇怪”。

对大多数人来说，当一件事发生的概率为 5/6（约 85%）时，就可以用“应该……吧”来表达。不过，大多数并不能代表全部。

A：“我现在掷一次骰子，绝对会成功吧。”

请问你赞成 A 的话吗？

我猜你不赞成 A 的观点。因为当一件事发生的概率为 85% 时，不能使用“绝对”来描述它。只有在概率为 100% 的情况下，才能使用“绝对”。

在需要使用“应该”“或许”等表达的论证或归纳推理中，不能将句子改为断定的形式，否则它将变成一个错误的演绎推理。

鱼塘里有 1 条虹鳟和 9 条其他品种的鱼。

A：“如果我在这里钓到一条鱼，那它有可能是虹鳟。”

假定每条鱼钓上来的概率相同，请问 A

的话合理吗?

合理，发生概率为 10% 的事件可以使用“有可能”来表达。

鱼塘里有 2 条虹鳟和 8 条其他品种的鱼。

A:“如果我在这里钓到一条鱼，那它很有可能是虹鳟。”

请问 A 的话合理吗?

或许你会认为 A 的话听起来合理，又或许你会认为“事件发生的概率只有 20%，不能用‘很有可能’表达”。

该表述是否具有合理性，取决于听者本身和听者当时的心情。“很有可能”就是这样一种界线模糊的表达，其对应的英语表达之一为 may well。

请问下面两个论证，哪个看起来更合理?

听说这个骰子很容易掷出6点，现在我们来进行一个实验，验证看看这个传闻是不是真的。

（a）掷了2次骰子，2次都是6点，可以判断骰子重心歪了。

（b）掷了3次骰子，3次都是6点，可以判定骰子重心歪了。

（b）是正确答案。

掷一个正常骰子，(a) 前提出现的概率为 3%，(b) 前提出现的概率为 0.5%。

概率低于 5% 的现象发生时，会让人感觉“或许骰子重心歪了……”，但没有到百分百确定的程度。概率低于 1% 的现象发生时，会让人多了几分确信，认为“骰子重心应该歪了吧”，但仍然不到百分百确定的程度。

在统计学检验中，显著性水平[1]往往设定为 5% 和 1%。通过下面的例子，你就能理解显著性水平的意义，或者说能够理解不同显著性程度的意义了。

让我们先来看一个统计学检验的问题。

---

1 显著性水平：在原假设正确的情况下，错误地拒绝原假设的概率。显著性水平为 5%，指该现象发生的概率在 5% 以下。显著性水平为 1%，指该现象发生的概率在 1% 以下。现在电脑的性能越来越好，很多时候都能计算出相当准确的概率值，所以一般只用如 $p = 0.02$ 等形式来表示概率值，不用显著性水平如何等表达方式。

A队4人与B队4人下围棋，在4局比拼中，A队取得全胜。因此，可以说A队和B队实力差距非常大。

请问该论证是否正确?

不正确。

假设A队与B队在4局比赛中所派选手之间不存在实力差距，那么A队4局全胜的概率为1/16（6.25%）。因为概率已经超过5%。所以A队4局全胜属于正常现象，不能断言两队实力差距非常大。

我们学校约有60%的学生知道文艺复兴时期的画家乔尔乔内（1477—

1510）。所以，我们学校的学生理惠大概知道乔尔乔内。

请问该论证具有合理性吗？

A10

或许你认为该论证不具有合理性。

“大概”所代表的概率因人而异，但常用于发生概率在 80% 以上的事件。至少，英语中的 probably 代表的概率在 80% 左右。对认同这点的人来说，在事件发生概率为 60% 的时候使用“大概”是不妥当的，因此该论证缺乏合理性。

Q11

骰子有 6 个面。因此，掷 6 次骰子的话，有一次会掷出 1 点吧。

请问该论证具有合理性吗？

A11

或许你认为该论证不具有合理性。

因为掷 6 次骰子、掷出 1 点的概率约 67%，所以无法断定“有一次会掷出 1 点吧”。

掷骰子掷出了 6 点，再掷一次可能还是 6 点。

请问该论证具有合理性吗？

该论证具有合理性。

这里的“有可能”指“可能性不为零”。

而再掷一次、掷出 6 点的可能性并不为零，所以“再掷一次可能还是 6 点”的结论合理。

Q13

骰子有6个面。因此，掷60次骰子，很有可能有10次左右能掷出1点。

如果仅凭印象判断，该论证似乎很合理。但该论证是否真的合理，与“10次左右”所代表的意义有关。

假设“10次左右”意味着9次、10次或11次，那么该论证是否合理呢？

A13

该论证不合理。

掷60回骰子，有10次左右（9次、10次或11次）能掷出1点的概率约为40%[1]，不能得出“很有可能有10次左右能掷出1点”的结论。因此，该论证不合理。

---

1 $\sum_{k=9}^{11} {}_{60}C_k \left(\frac{1}{6}\right)^k \left(\frac{5}{6}\right)^{60-k} = 0.395897\ldots$

如果“10 次左右”代表 8 次以上、12 次以下，那么有 10 次左右能掷出 1 点的概率约为 61%，还是不能得出“很有可能有 10 次左右能掷出 1 点”的结论。概率至少要达到 80% 才能如此断定。

下面两个论证，哪个更加合理呢？

（a）茜知道文艺复兴时期的画家乔尔乔内，所以她应该也知道提香或丁托列托吧。

（b）茜知道文艺复兴时期的画家乔尔乔内。对过去的著名画家感兴趣的人往往不仅对一名画家感兴趣，还会调查许多其他画家以及他们的作品。所以她应该也知道提香或丁托列托吧。

如果学生时代的你对油画感兴趣，那你可能见过乔尔乔内、提香或丁托列托的作品。如果不感兴趣，那你可能连这些画家的名字都不知道。但上述论证是否合理，与你是否知道这些画家的名字没有关系。

A14

（b）是正确答案。

（a）采取了“……知道 X。所以，……知道 Y”的形式，但我们很难从它的前提直接得出它的结论。我们需要阐明为什么从前提“……知道 X”能够推导出“……知道 Y”。（b）对理由进行了说明，不管它的理由是否妥当，（b）都更加合理。

论证需要明确写出前提和结论之间的部分。另外，（b）虽然比（a）要合理一些，但离完美的论证还差很远。换言之，（b）还存在许多缺陷。

大的缺陷主要有以下两个方面:

1. 该论证没有说明提香和丁托列托是过去著名的画家，缺少这方面的叙述有损其逻辑性。

2. 该论证表示“对过去的著名画家感兴趣的人往往……”，但没有给出具体的根据。表示事物具有某种倾向性时，需要列举出足够的例子。

如果你对提香和丁托列托很熟悉，那么你可能会忽视上面举出的第一个缺陷。如果我们十分熟悉某事物，往往会忽略阐明它的必要性。

卡路里不足时，头脑容易变得不灵活。因此，没吃午饭去考试的时候，____。

请从下列选项中选择一个适合的句子接在后面，你认为哪个选项最合适呢？

（a）吃一块巧克力比较好。

（b）稍微运动一下比较好。

（c）做一会儿冥想比较好。

（a）“吃一块巧克力比较好”是正确答案。谈到卡路里不足时，我们很容易联想到吃巧克力。

如果选择（b），构成的论证就会很奇怪。运动会让我们消耗更多的卡路里，所以选项（b）与合乎逻辑的论证相差甚远。

至于（c），由其构成的论证就完全不合常理了。

西兰花、菠菜、土豆这些蔬菜没有酸味。因此，这些蔬菜里几乎不含维生素 C。

请问该论证正确吗？

A16

该论证不正确。

如果我们对维生素 C 没什么了解，可能会觉得该论证合理，因为我们会自然而然地在脑中补足前提，即“维生素 C 多的话会有酸味”。

该论证不正确，因为这些蔬菜里其实含有非常丰富的维生素 C。柑橘类水果的酸味并非来源于维生素 C，而是来源于柠檬酸。

这提醒我们不要擅自补充缺少的部分，只有这样，我们才能更好地以批判性的目光理解事物。日本人在日常生活中习惯于理解对方的“言外之意”，因此要特别注意避免这种行为。

要点 在理解对方的口头或书面表达时，不要自行补充。

明确前提 06

使用对方认同的前提

几乎所有日本人都习惯在表达时能省则省，但这种情况下的论证往往缺乏逻辑性，要特别注意。

听英语国家的人讲话时，我们时常会感叹："这个人表达得真有逻辑，和日本人完全不同。"之所以会有这种感觉，是因为日语和英语表达时省略的量不同。其实日本人并不是缺乏逻辑性，而是表达时省略了太多。

例 蜂鸟有翅膀。所以，蜂鸟一定是鸟。

请你判断一下该论证是否合乎逻辑。不考虑常识，仅从逻辑层面进行思考。

该论证完全谈不上有逻辑，就好比说“喷气式飞机有翅膀，所以喷气式飞机是鸟”。

话说回来，该论证隐藏了什么前提呢?

那就是：有翅膀的东西，都是鸟。

因为隐藏的前提不正确，所以该论证完全谈不上有逻辑。

隐藏的前提是否正确，或者前提被人接受的程度有多高，将大大影响论证的逻辑性。隐藏的前提必须得到听者或读者的认同。

另外，如果隐藏前提会造成理解障碍，就不要隐藏，而要在明确阐述的基础之上对其加以说明。

比如，“那是一架钢琴，所以它是一个乐器”。该论证有一个隐藏的前提：钢琴是乐器。因为一般人都知道钢琴是乐器，所以省略掉也没有问题。但如果读者或听者不知道什么是乐器，那就需要对乐器是什么以及钢琴是乐器进行说明。不然，不理解这些的人就会认为你的表达没有逻辑。

要点 隐藏的前提必须是读者或听者认同的内容。

不要省略，要阐述清楚

127 只能被 1 和它自身（127）整除。

因此，127 是素数。

请问该论证隐藏的前提是什么？

该论证隐藏的前提是，素数只能被 1 和它自身整除。

因为该定义是常识，因此不明确表示也没有关系。但“显而易见的东西就应该省略”

这种想法是不正确的。即使省略这些内容不会产生问题，为了让更多的人理解你的想法，还是应该明确说明。

如果隐藏前提导致对方无法理解我们的意思，就一定要说明。尽量说清楚，会让我们的表达更有逻辑。

下面两个论证都有隐藏的前提，其中一个论证的前提不能隐藏，请问是哪个？

（a）我是小学生，所以我还没成年。

（b）除去28本身，28的约数（1，2，4，7，14）总和为28。因此，28是完全数。

A2

正确答案是（b）。

对于一些喜欢数学的人，完全数的定义可能是必备知识，但有很多人并不知道完全数是什么，所以我们需要阐明这一点。如果不明确表述，对方就无法理解该论证的含义，更没办法讨论它是否合乎逻辑。“即使不说明也没关系，明白的人明白了就好”——这种想法是不妥当的。

我们要尽量避免“省略的部分明白的人自会明白，所以不用阐述”的想法，和逻辑结构有关的部分尤其不能省略，一定要阐述清楚。

要点 不要省略，要阐述清楚。

注意对方隐藏的前提

07

隐藏的前提奇怪，逻辑也会变奇怪

现实生活中的论证远比我们之前在例子中给出的论证随意得多。

下面，我们来看个简单的例子。

例 今天下雨了，所以明天应该会下雨。

换成条目形式后，可以写成：

前提1：今天下雨了。

前提2：如果今天下雨，明天下雨的可能性很大。

结论：明天很有可能下雨，或明天应该会下雨。

要注意前提 2 没有明确出现在例子中。现实生活的论证中，几乎都有隐藏的前提。这就是它们的随意性。

那么，要判断“今天下雨了，所以明天应该会下雨”是否合乎逻辑，就要看它是否逻辑可靠，即逻辑有效且前提为事实。而在同意上述改写的基础上，要判断该论证是否逻辑可靠，就要看“如果今天下雨，明天下雨的可能性很大”这一隐藏的前提是否属实。

大部分人不会赞同该前提，但也有极少一部分人会。因此，对大部分人来说，该论证逻辑不可靠。而对小部分人来说，该论证则逻辑可靠。

要注意的是，我们要判断的不是该论证是否真的正确，而是它看起来是否正确。如果你认为该论证看起来正确，那么它就是合乎逻辑的。

如果现实生活中的一个论证或议论是合乎逻辑的，那么不仅是该论证中提到的部分，该论证中隐藏的部分也让人觉得似乎合理。

有问题的假设，会导致逻辑不合理

英语中，把推导结论时作者或说话人认为不言自明的想法，叫作 assumption（假设、假定、臆断）。

大部分逻辑性有问题的表述，其假设都存在问题。

从“A 是 B”中不能推导出结论“A 是 C”。

前提 1：A 是 B.

前提 2：[　　　]

结论：A 是 C。

前提 2 中需要填入什么，才能顺利推导出结论呢？

答案显而易见，应填入“B 是 C”。

A 是 B。所以，A 是 C。

该表述中有一个隐藏的前提，请问是什么？

答案显而易见，那就是“B 是 C”。

看了 Q1 后，应该不难回答 Q2。你现在明白“隐藏的前提”是什么意思了吗？把 Q1 放在 Q2 前面，就是为了帮助理解这一点。

从上面两问可以看出，认为“A是B。因此，A是C”的人，默认“B是C”。

像这样被作者和说话人视为理所当然的内容叫作假设，无论是否表述出来。

在思考对方口头或书面表达的逻辑时，搞懂他的假设到底是什么，是非常重要的。甚至可以说，只要你找到了隐藏的假设，就理解了句子的逻辑。假设就是这么重要。

Q3

零食选巧克力螺旋面包比较好。大家都在吃。

除“大家”不能代表每一个人之外，请问该论证还存在什么缺陷？

该论证的假设是，大家都在做的事情就是好的事情，这当然是不正确的。

蜂鸟喜欢花蜜，所以蜂鸟是蜜蜂。

你肯定不认同该论证吧？为什么？

因为该论证隐藏的前提是，喜欢花蜜的都是蜜蜂，这是错的。

今天抓到的蝴蝶我不认识，所以它一定是新品种。

请问该论证隐藏了什么前提？

A5

该论证隐藏了“现存的蝴蝶种类我全知道”这一前提。因为如果没有这一前提，就无法推导出“所以它一定是新品种”的结论。

我们家从没在晚餐时吃过乌贼天妇罗。所以，明天的晚餐也不会吃乌贼天妇罗吧。

请问该论证的假设是什么？

该论证的假设是，之前没有过的东西，明天也不会有。因为如果没有这一前提，就无法推导出“明天的晚餐也不会吃乌贼天妇罗吧”的结论。

红茶有益健康。电视上是这么说的。

请问该论证的缺陷是什么?

该论证的缺陷在于，说话人默认的内容——“电视上说的都是正确的”不正确。

“电视上是这么说的”暗指，因为电视上说红茶有益健康，因此红茶有益健康。但“电视上说的都是正确的”这一前提并不正确，所以该论证也不正确。

Q8

D：“我从没听过这么荒唐的观点。”

D的言外之意就是说“所以这个观点是错误的”。但D没有表达该观点荒唐的理由，因此D的话有很大缺陷。光凭这一点，D的话就不合逻辑。不过让我们暂且抛开这点，看看句子的结构。

前提 1：我从没听过这样的观点。

前提 2：[　　　　　　]

结论：这个观点是错误的。

如果要得出上述结论，前提 2 中需要填入什么内容呢?

A8

前提 2 中需要填入“我从没听过的观点就是错误的”，否则就无法得出“这个观点是错误的”这一结论。

然而，几乎没人认同“我从没听过的观点就是错误的”这一看法。

D的观点中暗藏前提2，因此D的观点不具有逻辑性。

E："海怪比船大，所以它是地球上最大的软体动物吧。"

F："你傻吗？"

F的观点不构成论证，所以也不构成对E的反驳。而且其观点中涉及人，论证的形式不规范（详情参照第4章）。

©P. Montfort, 1810

那么要如何反驳E呢?

E默认海怪是实际存在的生物。我们只要指出该隐藏的前提是错误的即可，例如:“不对，海怪是幻想中的生物。”

要点　大部分逻辑不合理的表述，其假设都存在问题。

避免在论点中加入“我” 08

不要使用“我认为”

论证时，要避免在论点中加入“我”。

从数学证明不带主观色彩这点来看，不难理解为什么我们要避免在论点中加入“我”。只要论证中不涉及“我”，论点就应当避免使用“我”。

可能许多日本人不能理解为什么论点中不能使用“我”。对许多日本人来说，“××是A”与“我认为××是A”的意思基本相同。即使他们已经确定“××是A”，依然会用“我认为××是A”来表达。“我认为××是A”并不意味着他们对这一观点没有把握。其实，他们所说的“我认为××是A”就等于“××是A”。

然而，在包括英语在内的其他语言中，“我认为××是A”代表说话人对这一观点没有把握。它表达的是“我是这样认为的，但我并不知道事实究竟如何”。在讨论逻辑之前，我们需要知道这两种表达的差异。

至少在用英语时，如果你使用I think（我认为）进行论证，那么你就无法充分表达自己的意思。当然，I think可以用来表述你不确定的观点。你可以根据自己要传达的内容，选择是否使用I think，但不要仅凭平时语感进行选择。

陈述理由，让表达更客观

让我们先来看两个例子。

例 "That's true."

意为"正是如此""正如你所说"。

例 "I think that's true."

意为"可能如此，但我不确定"。

下面，我再举个例子。

你的朋友明天要参加一个重要比赛，他很紧张，这时你对他说：

例 “I think you'll win.”

意为“我认为你会赢，但我也不确定”，这并不能安慰到他。

如果你要安慰他，应该采用如下说法：

例 “I'm sure you'll win.”

例 “I know you'll win.”

说点儿题外话，英语国家的人普遍认为，写小论文时不需要使用 I think、I believe 或 in my opinion 等表达。因为论文本身就是用来传达作者思想的，所以没有必要特意强调“我在写我想的东西”。

Q1

A：（指着展示照片）“这是什么？”

B:“我认为这是大王乌贼。”

B 的观点放在日语语境下没有问题。但如果放在使用英语的正式场合中，B 就需要将表述改为论证形式。

请问应该怎样修改 B 的表述?

B 应该去掉表述中的“我认为”并陈述理由，以满足论证的基本形式。例如:“这应该是大王乌贼，因为它比船还要大。”

即使是随意的日常会话，英语的口头表达也普遍采用论证的形式。英语国家的人之所以讲话听起来有逻辑，是因为他们平时就已经习惯阐述理由。

要点 去掉“我认为”，并陈述理由。

避免在论据中加入“我”

避免在支撑论点的部分中加入“我”

要尽量避免在支撑论点的部分中加入“我”。从数学证明不带主观色彩这一点来看不难理解，只要论证中不涉及“我”，支撑论点的部分中就应当避免使用“我”。

为了让大家更好地理解这一点，下面我举个极端的例子。

例 蜘蛛有10只脚。为什么这么说？因为我就是这样认为的。

这个例子很不合理。

暂且不谈逻辑，这种把说话人的个人观点当作论据的意见，叫作主观性意见。这样的表达方式在这个例子中是不合适的。

许多日本人误以为客观陈述就是列数字。虽然列数字能使表达更客观，但并不完全等同于客观陈述。客观陈述指的是，排除了说话人个人观点、想法和判断的陈述。

下面，我将继续说明日本人英语写作的“怪癖”，以及作文也是论证，这两者与本节和前一节内容都有联系。

写作时，避免 4 种错误习惯

日本人在用英语写作时有很多“怪癖”，主要有以下 4 点。

1. 文章中 I（我）非常多

如果让日本的大学生甚至更年长的成年人以《我最喜欢的事物》为题写一篇英语作文，那么作文中的大多句子会以 I 为主语。不仅论点的主语是 I，支持论点的理由也以 I 为主语。

假设喜欢的是寿司，那么首先应该以“My favorite food is sushi.”（我最喜欢的食物是寿司）开头，之后再详细说明哪种寿司好吃，以及为什么好吃。因为这篇文章谈论的是寿司，而不是“我”。

因为这样的写作方式是最合理的，所以日本人满篇以“我”开头的文章显得非常奇怪。

写作时，日本人没有在议论，而是一个劲儿地表达自己的感情。

2. 文章中有疑问句

“×× 是 ×× 吗？确实是的。”—— 日本人写作时经常使用这种自问自答式的句子。

学术论文中也能看到诸如“到底 ×× 是不是 ×× 呢？下面本论文将对该问题展开探讨”之类的写法。

首先，疑问句不能出现在论证中。因为自问自答的句式会使文章变得冗长，而英语写作的基本原则之一就是避免冗长。

其次，这种自问自答式的写法也存在根本缺陷。论文写作时，必须先把结论明确写在开头。这种直到最后才给出结论的写作方式，有违英语写作的基本方式。

3. 文章常出现缺少说明、前后矛盾等问题

日本人在进行口头或书面表达时，总是能省则省。有时他们甚至没有意识到自己觉得是常识的东西，对别人来说不一定是常识，总是无意中把这些内容省略掉。

例如，“因为我是外地的，所以一直一个人生活”。事实上，并非每个外地人都只能一个人生活，所以这个句子的逻辑完全不通。

4. 作者没有自己的观点，写不出自己的观点

很多日本人听了很多他人的意见后，会把多数人的意见当作自己的意见。因此，遇到一些没接触过的问题时，他们往往给不出个人见解，大脑一片空白。

其实写短篇论文也是如此。遇到从没接触过的问题时，日本人就写不出自己的观点。因此，日本人写出的英语文章里只有一些不痛不痒的内容，完全没有个人风格。

下面的论证存在两个较大的缺陷，请指出。

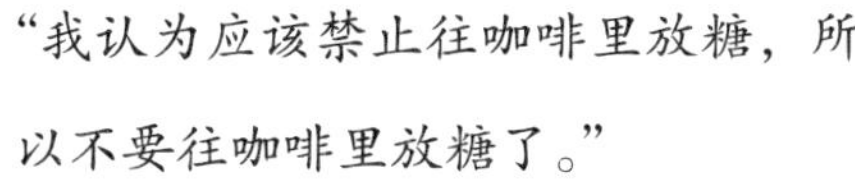

A1

第一个缺陷是观点中含有“我”。去掉“我”，可以得到：

“应该禁止往咖啡里放糖，所以不要往咖啡里放糖了。”

这样一来，句子虽然稍微通顺了一些，却也暴露出第二个缺点，即没有阐述应该禁止往咖啡里放糖的理由。

用论证的方式写文章

大部分日本人认为作文可以自由创作，这其实是一种误解。

作文有很多种类，比如“请说明××（菜名）的制作方法”“请模仿埃德加·爱伦·坡写一首诗”，等等。日本的学校很少会出这种作文题，大部分的作文题都要求写出作者自身的想法。

学生可以自由地选择写作的主题，比如写文化祭或者郊游，但要怎么写却不是自由的。下面，我列出了写作的基础标准，供读者参考。

1. 必须明确阐述想表达的观点，不能用上下文或情景描写进行暗示。后者属于 creative art（创造性艺术），不是表达观点的写法。

2. 文章表达的观点只能有一个。如果想表达两个以上的观点，就必须写出要表达两个观点的理由。下一页我将举例介绍这一点。

3. 要表达的观点必须写成一个句子，不能分成两个或两个以上的句子。

4. 必须详细说明观点依据的理由，不能认为读者应该能明白，就省略理由。即使是读者很容易就能明白的事，也要明确表达。

5. 要表达的观点必须是你独创的。如果你的观点和大多数人相同，那么对他人来说，你的观点就没有价值。这就是 originality（独创性、创意）。不少日本人认为 originality 就是另类、新颖，这其实是误解。

6. 结论，即想表达的观点，必须写在开头段落里。因为很少有日本人这样写，所以对海外读者，特别是英语国家的读者来说，日本人的文章写法很奇怪。而且在最后一段，必须更加详细地阐述结论。日本人经常不写结论，只留下一些夸张的抒情，或和世界相关的普通的抽象表达。这些都是多余的，应该删掉。

在此，举例说明一下（2）“文章表达的观点只能有一个”。

比如，在以《我的兴趣》为题的作文中，你想写“我喜欢折纸，我还喜欢弹拉赫玛尼诺夫的钢琴曲”，那么你需要把这两个句子进行合并，句子后段必须加上喜欢这两件事的共同理由，如：“我特别喜欢折纸和弹拉赫玛尼诺夫的钢琴曲。因为它们最能治愈我的心灵。”另外，在第二段你还需要详细介绍折纸的好处，对折纸这件事进行论述，在第三段则详细介绍弹拉赫玛尼诺夫的好处，并进行论述。

许多日本人写作文时，没有核心观点，只是不停地罗列一些个人感受，自说自话。这样的文章是没有阅读价值的。

下面我将顺便介绍书面表达时除逻辑性以外需要注意的点。

书面表达时的两个要点

口头和书面表达，在逻辑方面要注意的点大致相同。在逻辑层面以外，两者则有所区别。下面，我将举出日本人不太清楚的两点，希望引起大家的注意。

1. 写文章要避免口语化

说话时句子冗长一些，并不会影响听者的理解。但写文章时，句子不能冗长，向读者提问的写法也属于画蛇添足。

比如："女孩子到底应不应该端庄？我认为女孩子

应该端庄。”这就是一个冗长的句子。写作时，只保留后半部分即可。

很多日本人喜欢在论证中向读者提问，学术论文中也不乏这种情况。由于文章冗长违背了写作的基本原则，因此需要特别注意。

2. 一个段落只写一件事情

表述段落主要内容的句子叫作主旨句，而主旨句必须是一个完整的句子。段落中除此之外的内容必须是对主旨句的说明，不能写与其无关的事情。

日本人很少因为小事表达不满，即使排长队也会保持沉默。但是，最近越来越多的人开始表达自己的不满。比如，上课时老师说“现在进行突击测试”，学生就会嘘声一片。

暂且不论这段话是否合乎逻辑，你能看出这段文字在形式上有什么缺陷吗？

这段文字的缺陷在于它的主旨句不是一个句子。

“日本人很少因为小事表达不满”和“但是，最近越来越多的人开始表达自己的不满”不能分成两个句子，不然会让读者困惑。读者不知道句子要表达什么意思，就会烦躁。

我们需要把两个句子整合成一个，如：“日本人很少因为小事表达不满，但是，最近越来越多的人开始表达自己的不满。”如果后半部分是主要观点，就要对此展开详细说明，前半段的内容则可以不做说明。

另外，这段文字没有明确表述为什么要

谈论“最近越来越多的人开始表达自己的不满”。我们需要先写出理由，再讲“最近有越来越多的人……”；先说有这种现象是不对的。要记住，要点在前，说明在后。这是世界通用的写作标准。

要点 文章不能口语化。
一个段落只能有一个主旨句。[1]

1 此处的两句话不在一个段落里，所以不需要写成一个句子。

论证的说明要尽可能详细

10

尽可能详细地阐述理由

前文中的“我是外地的，所以一直一个人生活”，就是一个因说明过少而导致句子前后矛盾的典型例子。

说明时，要尽可能详细且避免省略。特别是和逻辑结构有关的部分，更要明确表述不能省略。（前提和结论之间的部分请参照第 6 章。）

当然，说明理由的时候也要尽可能详细。下面，我们来看几个相关例题。

例 “这幅画真好，很新颖。”

请问这句话的缺陷在哪里?

这句话的缺陷在于，没有对画为什么新颖展开说明。即使要说明的内容非常简短，也不能省略。比如：“这幅画真好，很新颖。小鸟画得比人都大。”

此外还需要说明为什么新颖就代表好。如果缺少相关说明，整句话就变成了相同内容的重复。

例 “这幅画很好，只用轻轻一笔就表现出水滴的形象。”

这句话阐述了这幅画好在哪里，但仍然存在缺陷，请指出。

这句话的缺陷在于，没有说明这种表现方式的价值。

你可能会觉得说话人想说的是不是“虽然很多人能做到只用轻轻一笔就表现出水滴的形象，但这幅画还是很好”？其实并非如此。不过，只有听了说话人的说明，我们才能理解他的想法。

总之，要尽可能详细地阐述理由。

要点 尽量避免省略，而要详细说明。

为相互理解而充分说明

可能没有一幅画会让每个人都喜欢。为了让不喜欢某幅画的人理解这幅画为什么好，喜欢的人就要用对方能够理解的方式对原因进行说明。

但是，我们没有必要非让不喜欢的人改变看法。议论不是要战胜对方，而是为了相互理解。这是议论的重点，也是议论的基本精神。

因此，为了让持不同意见的对方理解自己的观点，就必须对自己产生该观点的原因进行详细的阐述。双方进行讨论时，要充分地说明理由。如果对方的说明中存在问题，或者对方对我们的说明有疑问，彼此就要仔细询问。不能只顾着自己表达，而不让对方发言。

要点 要明确阐述理由，以便意见不同的人理解。

某部门要招聘一名杂工，在面试了数人后，该部门的主管对副主管说：

“第一个人看起来很认真，他最好。”

这句话非常日式，省略了过多内容，没有明确写出逻辑结构。请你将该句补充完整。

该句逻辑可以分成 4 个部分，如下：

（a）第一个人看起来很认真。言外之意是其他人看起来不认真。

（b）看起来认真的人，性格认真。

（c）性格认真对做杂工来说最重要。

（d）因此，第一个人最适合做杂工吧。

我们还可以将该句继续细分下去，但细分到以上程度就足够了。

基于以上内容，我们可以将句子修改成以下：

“第一个人最好，看起来很认真，所以做事应该很认真。我们需要认真的人来做杂工，所以这个人最合适吧。”

和逻辑结构有关的部分一定要解释清楚，这是逻辑性表达的基本。尽量避免省略，细致地进行说明吧！

Q2

蝙蝠是哺乳类，却有翅膀，所以动物园里有蝙蝠。

该论证缺乏说明，让人摸不着头脑，请补充。

A2

我们可以把句子补充成如下：

蝙蝠是哺乳类，却有翅膀，所以动物园里有蝙蝠。因为在展示珍禽异兽这一点上，蝙蝠有价值。

这样一来，句子看上去合理了一些，但说明还是不够充分，应该表述的内容省略了，所以需要继续进行补充。

蝙蝠是哺乳类，却有翅膀，有翅膀的哺乳类很稀少。在展示珍禽异兽这一点上，蝙蝠有价值，所以动物园里有蝙蝠。

从日语能省则省的表达习惯来看，例子中的说明显得啰唆。虽然这的确啰唆了一些，但能展示句子的逻辑性。从这一点来看，就不应该省略。

请问下面论证存在什么缺陷？

“虽然我有羽毛笔，但没有墨水，所以我在用铅笔写日记。”

A3

该论证的缺陷在于，没有说明为什么用铅笔，而不是圆珠笔或电脑写日记。

缺乏说明，“所以”用在这里就显得很奇怪。

要点 要进行充分的说明，即使以平时的语感判断，会显得啰唆。

11 避免在论证中加入转折

论证中，不要使用转折词

论证必须具有结论和支撑结论的理由，除此之外都是多余的、不必要的。

论证开头的转折就是多余的。

像“然而”“但是”“可是”这样的转折词，在逻辑层面上与“而且”意义大致相同。也就是说，像“×× 是 A，但 ×× 是 B”这样把两个前提用转折词连接起来的句子，在逻辑层面上与“×× 是 A，而且 ×× 是 B”相同。

有转折，就容易逻辑矛盾

如果论证中有转折，其逻辑就往往容易出问题，所以使用转折时要特别注意。进一步讲，论证中其实不应该使用转折。从数学证明不使用转折这点来看，不难理解为什么。

下面，我用一个例子来进行说明。

例 “下周郊游去植物园比较好，但是，也有人提议去水族馆。所以，(　　)”

括号中应该填入什么结论才最合理呢？比如：

现在还没办法确定去不去植物园。

将整个句子整合起来如下：

“下周郊游去植物园比较好，但也有人提议去水族馆。所以，现在还没办法确定去不去植物园。”

显然，这段表述的逻辑很矛盾，甚至都没有表达出来的价值。如果你赞成“下周郊游去植物园比较好”，就应该详细描述去植物园比较好的理由。有没有人提议去水族馆，和你的论证没有关系。所以这部分表述是不正确的，应该让认为去水族馆好的人来发表意见，而你倾听就好。

下面，我再举一个例子。

例 “戏剧剧本《爱情偶遇游戏》很有趣。但是，讨厌戏剧剧本的人可能很难接受它。所以，(　　)”

括号中应该填入什么结论才最合理呢?

这个问题很难回答。通过以上两个例子可以看出，论证中有转折时，逻辑很容易出现问题。

这些先暂且不论，经过思考后我们可以在括号中填入如下内容:

为了在阅读《爱情偶遇游戏》时体会到乐趣，最好先喜欢上戏剧剧本这种题材本身吧。

或者:

如果不喜欢戏剧剧本，可能会错过很多精彩的故事。

可以看出，补充后得到的两个论证，逻辑都很奇怪。一旦使用了“但是”等转折词，就很难得出合理的结论，整个论证会变得非常奇怪，因此最好不要使用转折。另外，本身论证中也不应该使用转折。

日本人经常会在论证一件事时写道："××是××。但××是××。"最终，整篇文章充斥着既不是论点，也不是论据的多余内容。从世界标准来看，这非常奇怪。所以，我们要避免这种写法。

要点 论证中不要使用转折。

直接表达，让逻辑更清楚 12

只通过字面意思表达

我们应该不经加工地将想要表达的内容直接表述出来。日本人喜欢委婉地表达自己，所以经常绕着弯说话。但在国外，这种经过加工或拐弯抹角的表达是完全行不通的，有时甚至会造成误解，所以我们要尽量避免这种表达方式。

当然，英语中也有委婉表达，但并不常见，日常会话中尤其如此。而英语中的委婉表达也并不啰唆，只是用来缓和语气，比如 might（可能、可以）或 could（可能、可以），再比如用“Maybe you should...”来代替“You should...”等。英语中，只有在讽刺或找借口时才会用一些拐弯抹角的表达方式。

日本人很难将想要表达的内容不经加工地直接表达出来，他们已经习惯对信息进行加工。

下面，我们通过问题和例子来实际探讨一下。

你知道吗？大部分日本人无法正确回答下面的问题。

“明天要去郊游，路上可能会口渴，所以带上水杯吧。”

该论证存在很大的问题，请指出。

怎么样？问题难吗？

该论证中最大的问题在于需要带上的不是水杯，而是饮品。

我们需要把“所以带上水杯吧”修改成“所以我们带上水吧”或“那我们拿点儿喝的

去吧”。因为我们要喝的是水，而不是水杯。所以该论证的逻辑很乱。

许多日本人习惯把“带上水”说成“带上水杯”，以“水杯”来代表“水”。

之前我提到的“我们应该不经加工地将想要表达的内容直接表述出来”，其实就是指如果你要表达水的意思，那么直接用“水”来表达即可。

下面，我们来举个和逻辑没有关系的例子，相信你能通过它很快理解不经加工而直接表达的必要性。

例 有一次，日本象棋选手A受邀去德国参加比赛。面对主办方的邀请，选手A将“遥祝比赛圆满成功”直译成英语发给了主办方。不理解意思的主办方B向我求助，于是我解释说“A不能来参加比赛了”，B这才理解了A的意思。

交流时，我们要尽量避免使用拐弯抹角的表达，拒绝的话就用“拒绝”或与其含义相同的词汇进行表达。当然，我们也不要冰冷地拒绝，可以在后面加上“Thank you for the invitation anyway.”（无论如何，感谢邀请）等谢词，但这又是另一回事了。

“为了通过 × × 考试，我在努力学习。”

请问这句话存在什么问题？

大多数日本人会认为，为了考试而学习是天经地义的，并不会觉得这个句子有什么问题。如果“我”的学习内容与 ×× 考试不相关，那么这句话的逻辑就是割裂的，因此大多数日本人会默认学习的内容一定与考试相关。综上所述，很少有日本人能意识到问题出在哪里。

其实问题在于，这句话没有明确指出学习什么。我们必须指出学习的内容，向读者（或听者）说明为了通过 ×× 考试，进行这样的学习是合理的。

要点 避免使用经过加工或拐弯抹角的表达。

论证不需要文学色彩

1. 可以重复使用同一表达

论证中最重要的是，内容是否正确，逻辑结构是否清晰。逻辑结构清晰，即哪部分是结论，哪部分是支撑结论的部分清清楚楚。论证不需要文学色彩。

2. 关于重复使用同一表达

同一表达的重复使用会破坏文章的文学色彩。虽然不至于损害文章的文学价值，但也与之很接近了。

尤其诗这种题材，是必须避免重复的。

例 我想做的人偶，是有大眼睛的人偶。

如果这是一首诗，重复使用“人偶”一词会让人觉得过于俗气。另外，“我想做的人偶”用了说明的口吻，不符合诗的创作风格。在整首诗中突出人偶的魅力才是最重要的，“我”是否想做人偶并不重要。所以“我想做……”这部分可以直接省略。一首诗并不需要每个人都理解它的意义。我们可以把诗修改成如下：

大眼睛的人偶
那黑毛线编织的长发
白色圆领上的黑色褶皱里
……没错
散落着小小的草莓图案
害羞的人偶
不再看我

对于说理的文章，最重要的是正确说明道理，不需要在意是否重复使用了同一表达。像下面例子中一样重复也完全可以。

例 ××可能是A，因此××可能是B。

如果句子前半段可以用“可能”来表达，后半段的内容与前半段相同的情况下，也可以用“可能”表达。很多日本人讨厌在两个句子中重复用词，这是一种文学层面的感性，但不适用于论证。

为了避免重复使用同一个词，尝试用“那个”或“它”来指代是可以的。但是，如果使用这些代名词会让文章难以理解，那就不要使用代名词，重复使用同一表达即可。这就是英语论证的基本。

当然，这不是说我们要重复使用没有必要重复的词。英语不好的日本人用英语写作时，经常在该使用it（它）的地方不用it，反而重复使用原来的词，这点要特别注意。

同时，为了避免重复而用近义词替换也是不行的。要区分前面的词与它后面的近义词，又要额外花费读者很多力气。

逻辑思考力训练题 13

关于基础概念的说明到这里就告一段落了，下面我们通过练习来复习一下学过的内容。习题内容以实用性为主，不按照各章内容的顺序排列。

Q1

A：“女孩子不能太粗鲁。”

B：“为什么？”

A：“你不这样认为吗？你觉得女孩子可以粗鲁吗？你为什么这样认为呢？”

A 首先阐述了理由，B 随后进行了提问，这是合理的。但 A 接下来的话却缺乏逻辑，你认为 A 应该怎么回答呢？

Q2

“我司应该 ××。之所以一直没有实施该政策，是因为 ×× 部的疏忽。”

这句话除了没有阐述应该做 ×× 的理由，还存在一些问题，请指出。

Q3

“喝海带茶能让心情变好。”

请从下面 4 个句子中选择一个句子作为后文，你认为哪个比较合适呢？

（a）“因为热饮对身体好。”
（b）“因为盐对身体好。”
（c）“因为海带中的碘对身体好。”
（d）“可能是因为热饮对身体好，也可能是因为海带茶里盐或碘对身体好。”

“现在情况变成××，真是惨不忍睹。我真想做点儿什么改变它。”

请问这句话存在什么问题？

“我想瘦，所以我每天只吃柿种[1]。”

请问该论证的问题在哪里？

1 柿种：日本一种点心的名称，含有辣椒。——译者注

请问下面两个句子，哪个是论证？注意只用看形式，不用看内容。

答案一目了然，所以就请当作复习吧。

（a）言灵是存在的。因为我感受过。

（b）言灵是存在的。如果你对自己说："无论怎么努力，都不可能弹会这首曲子。"那么学会这首曲子的可能性就会变低。我们把这种通过语言施加的自我暗示称为"言灵"。

"我喜欢明亮的颜色，但是我经常穿黑色的衣服。"

请从后面3个选项中，选择一个合适的句子接在后面。

(a)"因为我不适合穿亮色。"
(b)"因为我喜欢哥特洛丽塔。"
(c)"因为喜欢看什么颜色和喜欢穿什么颜色是两码事。"

Q8

"我家晚饭没有吃过焗饭，所以明天晚饭也不会吃焗饭吧。"

请尝试对上面的话进行反驳。

"这条鱼有肺，所以它是肺鱼吧。"

请尝试对上面的话进行反驳。

"我好讨厌突击考试，学校不应该举行突击考试。"

请尝试对上面的话进行反驳。注意与原文风格保持一致，原文是日常对话。

"121 是素数哦，电视上这么说的。"

请尝试对上面的话进行反驳。

当然，你可以用"121 不是素数，因为 11×11 等于 121"来反驳该观点，在这里我们先装作不知道这一点。

A:“鸭嘴兽有喙，所以它原本是鸟吧。”

B:“我就没听过这么愚蠢的观点。”

本书的读者肯定能够分辨出，B 的话不能构成对 A 的反驳。相信你在现实生活中也不会像 B 一样说话。

“我就没听过这么愚蠢的观点”这句话的言外之意是，“所以，你的看法不正确”。而且 B 的话中存在隐藏的前提。

请你补全缺少的前提，将 B 的意思完整表述出来。

另外，B的话还缺少了他认为A观点愚蠢的原因，不过这次先不必补充这一点。

面对A的发言，B想通过下面的表述进行反驳：

“你这是在强词夺理。”

下列选项中，你认为哪个选项正确评价了A和B的话。

（a）如果A确实在强词夺理，那么B的反驳是正确的。

（b）不管A是否在强词夺理，其观点都有一定的道理。

（c）B的话存在逻辑问题。

Q14

在高一和高二中各选30名学生询问是否读过《雪国》，调查结果显示，高一学生中有2人读过，高二学生中有25人读过。由此可得出结论，学生有在高一到高二期间阅读《雪国》的倾向。

请问该论证的问题在哪里？

Q15

A:“玻璃敲击时发出的声音越高越容易碎，因为大家都这么说。”

请问该论证的缺陷是什么？

Q16

“今天我去博物馆参观时，室内没有禁烟。身旁有人抽烟，不仅让人不舒服，产生的烟雾还会影响到展品。博物馆室内应该禁烟。”

请问该论证存在什么问题?

我们暂不从吸烟影响周围人健康这点进行分析，请你尝试从其他方面分析该论证的问题。

Q17

“我前几天去神社时，环视四周发现穿和服的人 ××。我认为我们应该更重视日本文化。”

该观点作为论证存在许多问题，请你举出几点。

Q18

“××特别好。此外××也特别好。”

该句所在的段落对两种事物为什么好做出了说明，请你指出这种写法存在什么问题。

Q19

下面一段对话在逻辑和其他方面都存在一些缺陷，请指出。

A：“我们应该做××。”

B：“肯定不行，花费太高了。”

A：“为什么花费高就不行?”

X：“符合 ××× 要求的有哪些？”

Y：“嗯……A 和 B 是 ××，所以有点儿不一样，好像有可能是 C，难道不是 D 吗？”

先不论Y的话是否构成论证，Y的话作为回答很奇怪，因为没有抓住重点。我们在日常生活中常常能听到这种表达。不过，Y的话为什么很奇怪呢？

如果要进行修改，Y的表达应该调整成什么呢？

为了使Y的表达更有逻辑性，请尝试将它修改成论证的形式。

Q21

“我们喜欢美味的东西。美味的东西一定对身体很好。”

这句话具备了论点和论据，勉强能构成论证。只是论点和论据之间过于跳跃，需要进一步说明。请你尝试补充一下。

除了论点和论据之间过于跳跃，这句话还存在一个较大的缺陷，请指出。

下面文章的写法存在一些问题，请你尝试指出。

世界上有许多著名的悖论，其中最著名的当属阿喀琉斯悖论，连小学生都知道。阿喀琉斯悖论讲的是，古希腊神话中善跑的英雄阿喀琉斯在和乌龟的竞赛中，永远不可能追上乌龟。该悖论由公元前5世纪古希腊埃利亚学派哲学家芝诺提出。然而，大部分人不清楚芝诺想通过它表达什么，只把它看作一个奇怪的悖论，以其诡辩色彩为乐。事实上，芝诺是为了 ×× 才提出这一悖论。

Q23

（会议结束后，会上没有发表意见的两人在电梯中聊天）

员工 A：“D 计划不太可行吧……”

员工 B：“万一出了问题，社长应该会想办法的吧？”

这种随意的对话在生活中很常见。由于不是正式场合下的逻辑性讨论，平时这么说完全没问题。但对思考逻辑而言，这是个很实用的例子。让我们从逻辑角度再来看看上面的例子。

你认为这段对话合乎逻辑吗？答案就是完全不符合。

这是前言中举出的例子，想必读到这里的读者已经知道正确答案了。

“人应该××。”

许多人在写作文时，除了通过阐述理由来佐证论点，还习惯在最后加上一句“我想成为能做到××的大人”作为总结，以结束全文。这种写法在读后感里尤其常见。

这种表达方式是否正确呢？

Q25

下面是一篇精简版的小论文。该论文的论述方式很常见，其中存在很多缺陷，请列举出它的主要问题。

注意，分析文章时要着眼于文章的表述方式，而不是文章是否正确。

> 世界人口不断增加，我们必须找出解决粮食短缺问题的具体方法。为此，我们也有必要发展农产品工业化生产技术。今后新技术将不断问世，其中一些技术可能会危害人类。但我认为，我们仍应该重视农产品工业化生产技术发展。

“山中的生活很不方便，没有网络，买东西也很麻烦。但也有优点，比如好吃的东西很多，有野兔、海狸、鹿和松鼠。”

该文章还有后续内容，请问例子中给出的这部分存在什么问题？

下面是一篇长文章的开头：

以前的孩子都是用毛笔在纸上写字，而现在的孩子都是用手指在屏幕上输入文字。因此，现在的孩子字写得不好。

请你举出该文章中的逻辑问题。

下面的文章截取自一篇长文，请问该文章最大的缺陷是什么？

肖邦弹奏的不协和音十分悦耳。但在19世纪前期，肖邦的曲子并不受欢迎，许多人觉得他的曲子听起来就像一堆不和谐的音符。然而现代人已经听惯了不协和音，因此许多人甚至没有注意到肖邦经常在曲子里使用这种旋律。

不是所有的口头和书面表达都必须采用论证形式。不进行论证的时候，就无须采用。特别是在独自记录一些个人体验的时候，可以表达得更随意一些。

最后让我们通过三个问题来直观地感受一下这点。

“我喜欢××电视节目，所以我经常看。”

该句采用了论证的形式，请你指出其中存在的问题。

A：“我是独生子，所以经常一个人玩。”

该句采用了论证的形式，请你指出其中存在的问题。

“我特别喜欢日本人偶，所以我希望世界上所有的人都喜欢日本人偶。”

该句采用了论证的形式，请你指出其中存在的问题。

应该回答“女孩子不能太粗鲁”的原因。

“之所以一直没有实施该政策，是因为 ×× 部的疏忽”这部分没必要提及，它不能构成“我司应该 ××”的论证。

在论证中不能阐述论证以外的内容。

A3

我们可以对海带茶功效背后的原因进行很多推测。答案（a）至（c）举出的原因只有一条，但没有阐述根据，所以不合理。像这种情况，应该在句中加入“可能”“或许”之类的推测词，这样就能稍微增加合理性。从这一点来看，因为（d）推测的原因不止一个，所以（d）是最符合要求的。

A4

不能把“我真想做点儿什么改变它”作为结尾，应该将改变现状的具体举措阐述出来。

像“希望……”“想让……”这样表达愿望的句式一般不能作为结论。论证中不能包含“我 ××”这样的主观表达。

“真是惨不忍睹”等这种表达个人情感的内容不能支撑结论。我们不能从“真是惨不忍睹”推导出“我真想做点儿什么改变它”。

我们应该先阐述如何改变现状，再详细说明理由。要注意，理由中不能包含“我 ××”等个人感情的表达。

注意，也有以叙述个人愿望为主要目的的小论文。这种情况下，阐述个人愿望就等于结论，所以是合理的。除这种类型以外的论证，应该避免采用“我 ××”的主观表述。

A5

有些人不假思索，看到这句话只会觉得“原来柿种能瘦身啊”，也不会觉得这句话的逻辑存在问题。其实，这句话并没有明确指出柿种有瘦身效果。假设柿种有瘦身效果（事实上辣椒确实能让人瘦身），那就必须明确指出。如果不提及这一点，句子的逻辑就会混乱。

A6

我们几乎一眼就能看出（b）是正确答案。不过有多少人认同这一内容就另当别论了。

（a）要表达的意思是："因为我明白，所以我说的话是正确的。你要接受这个观点。"这不是论证正确的表述方式。

"我的观点是正确的。只要能理解的人理解了就好，其他都不重要"这种态度是不可取的，在表述时要尽量让更多的人能理解你要表达的意思。

A7

"我喜欢明亮的颜色，但是我经常穿黑色的衣服。因为我不适合穿亮色。"

这样表达，意思就变成了"因为亮色衣服不适合我，所以我几乎只穿黑的"，然而这种表述方式是不正确的。

“我喜欢明亮的颜色。但是我经常穿黑色的衣服，因为我喜欢哥特洛丽塔。”

这样表达就偏离了喜欢什么颜色的主题，文章的主旨变得十分模糊。

“我喜欢明亮的颜色，但是我经常穿黑色的衣服。因为喜欢看什么颜色和喜欢穿什么颜色是两码事。”

这样表达，句子的逻辑才勉强合理。但主旨还是不够清晰，似乎透露了一些信息，又似乎没透露什么。如果我们在开头加上中心句“颜色的好恶不能一概而论”，句子就会变得更加合理。

A8

该论证有一个说话人默认的前提，那就

是“之前没有的东西，明天也不会有”。可能会有人认同该观点，但严格来说，该观点很奇怪。我们可以抓住这一点进行提问，比如：

“不一定吧，之前没有的东西不一定明天也没有。”

或者，采用更委婉的问法：

“你自己做的话，不就可以吃了？”

这几种提问方式都是可以的。

A9

该论证有一个隐藏的前提，那就是“只有肺鱼有肺”。因为该隐藏的前提是错误的，所以我们只要指出这一点即可，比如：

“不一定吧。不是只有肺鱼有肺。巨骨舌鱼有从远古时期保存下来的肺，可以呼吸空气，另外矛尾鱼也有退化的肺。”

该论证中有一个隐藏的前提（隐藏前提的具体定义请参照第 7 章），那就是“我讨厌的事情，都不应该发生”。补全隐藏的前提后，可以看出原论证从两个前提中得出了结论。

我们可以抓住这一点进行反驳，比如：

“是吗？这又不是仅凭个人喜好就能决定的事情。”

A11

“电视上这么说的”暗含的意思是“电视上这么说的，所以‘121 是素数’是正确的”。可以看出，该论证默认的前提为“电视上说的都是正确的”。当然，这是不正确的。

因此，我们可以进行如下反驳：

“不一定吧，电视上说的不一定全都正确呀。”

A12

B 反驳的完整表述应为：

“我就没听过这么愚蠢的观点。我没听过的观点都是不正确的，所以，你的观点不正确。”

补全后可以看出，该表述虽然具备了正

确的逻辑形式，但前后内容却很矛盾。现实中，有些人认为自己在进行反驳，实际上表达的内容却不构成反驳。这些人的话往往会给对方带来不快。补全句子后能看出 B 的话很矛盾，而不快往往就来自矛盾的内容。

A13

正确答案为（c）“B 的话存在逻辑问题”。B 没有直接表明重点，即“你的观点错误”。补全后，B 的话可以写成如下：

“你这是强词夺理，所以你的观点是错误的。”

如果要将“强词夺理”表达得更清晰，B 的话可以写成如下：

“这是一个错误的论证，所以你的观点

是错误的。”

B没有阐述A观点错误的理由，只通过言外之意暗示了A错。这种论证方式叫作循环论证（circular reasoning），无法证明任何事。

因此，（c）“B的话存在逻辑问题”是正确答案。

实际上，由于B没有阐述A观点不正确的理由，因此B的话既不构成反驳，也算不上见解，只是一个评价。

A14

该论证的问题在于，调查的学生具体情况不明确。这里的阅读倾向指的是学生自发的阅读。要判断学生是否自发阅读，还需要更加详细的调查。

此外，如果是在某地区随机抽选出高一、高二学生各30名，或许能够得出“该地区学生有在高一到高二期间阅读《雪国》的倾向”的结论，但还需要进一步确认，比如调查高二教科书中是否收录了《雪国》，等等。上述论证没有指出这些细节。如果被调查的学生都来自某高中，而该高中要求高二学生阅读《雪国》的话，那么上述结论就不正确。因为不能排除这种可能性，所以上述论证不在我们讨论的范围内。

A15

该论证的缺陷在于“因为大家都这么说”这一论据错误。可能对一部分人来说，判断论证的缺陷在哪里很困难。但是，如果把该论证的论点换成下列形式，就容易理解了。

“矛尾鱼已经灭绝了，因为大家都这么说。”

如果这样还不能判断 A 的缺陷在哪里，

那么你可能只看到了 A 的论点，没有注意它的论据。

能够称之为事实的，无论别人怎么说都是事实；反之，不是事实的，无论别人怎么说都无法成为事实。

A16

该论证的问题在于，论据中带有主观色彩。论据中加入“我”是不合适的，因此这部分是多余的。

论证中不能有多余的成分。“多余的成分”是指妨碍读者或听者理解的成分。论证时，作者或说话人试图传达自身感情的表述都是多余的。

日本人经常试图把个人的情感表达当作论据，要注意规避这种做法。事实上，作者或说话人往往意识不到自己试图把个人的情感表达当作论据，只是随大流，无意中选择了这种表达方式。

（1）穿和服与应该重视日本文化之间的关联不清晰，该论证需要对此做进一步的说明。认为“懂的人自然懂，无须说明”是不对的。

（2）“我认为……”表达的是说话人的个人情感，由于论证不能掺杂个人情感，所以“我认为……”的表达方式错误，应该改成“有必要……”或“最好……”。

（3）论证还需阐述“有必要……”或“最好……”的理由。

（4）“因为 ××，所以日本文化没有受到重视”这一推理过于简单粗暴。论证仅凭一个例子就得出结论，而且论据也不清晰。论证时，不能从情况描述直接跳跃到结论。

A18

问题在于：这种写法将主旨句拆成了两个部分，但主旨句必须是一个完整的句子。我们可以将句子修改成如下：

“× × 特别好，此外 × × 也特别好。”

这段对话的缺陷主要有以下几个方面：

（1）A 没有陈述“我们应该做 ××”的理由，需要加上理由。

（2）B 没有询问 A 认为“我们应该做 ××”的理由是什么，也没有阐述是否应该做 ××，而是岔开话题讨论行不行。B 应该询问 A 认为“我们应该做 ××”的理由。

（3）A 继续提问“为什么花费高就不行”，依旧没有阐述“我们应该做 ××”的理由，而是把论证的责任推给对方，脱离了讨论是否

应该做 ×× 的话题。

因为 B 没有阐述是否应该做 ××，因此 A 不应该把责任推给对方，而是应该就“是否应该做 ××”询问对方。

比如：

“你是说‘我们应该做 × ×，但是从现实来看很难实现’，对吗？”

Y 的话之所以奇怪，是因为 X 问符合要求的物品有哪些，然而 Y 回答的是不符合要求的。而且 Y 关于 D 的阐述为疑问句，回答变成了反问。基于以上，我们可以把句子调整成如下形式：

“好的，D 应该是符合要求的，C 也可能符合要求。”

此外，为了让句子更有逻辑，我们可以将它修改成如下形式：

“好的。因为 ××，所以 D 应该是符合要求的。而且因为 ××，所以 C 也可能符合要求。”

请有意识地培养自己瞬间做出如上回答的能力。至少在用英语对话时，要尽量让自己的表达贴近这种形式。在日常交流中使用这种形式对话，是英语母语者的表达习惯。

A21

可以补充如下表述：

“可能大脑喜欢这些对身体好的东西。”

该论证存在的一个较大缺陷在于，主语

为“我们”。要表达特定人群时，可以使用“我们”，但在表述一般论证时，不应该使用“我们”一词。

如果使用了“我们”，就会让读者或听者产生“这里的‘我们’具体指谁”的疑问。

很多日本人在进行一般论证的表述时，特别是用英语时，常常用 we(我们) 表达。注意不要凭借日语的语感乱用 we。

此外，英语中常用 one、you、people 来表达“人”。用 we 表达人这一概念是不合适的。

A22

文章的内容随着描述的深入在逐渐发生变化。这是娱乐读物的一种写作方式，不是论证的写作方式。论证必须陈述结论，并详细说明得出结论的原因。我们可以将文章修改成如下形式:

很少有人知道，埃利亚学派哲学家芝诺为什么会提出阿喀琉斯与乌龟的悖论。这是因为芝诺认为无限分割的积分计算方式不正确，而为了证明该观点，芝诺提出了这一著名悖论。下面是相关内容的详细说明。

这样一来，文章就具备了论证的形式。

另外，日语中有“逻辑走向”这一表达，实际上该表达是错误的。因为逻辑没有走向。

日本人所说的逻辑走向，其实是文章的话题走向。然而，一个论证中的话题应该是固定的，从开头到结尾都应该只有一个话题。

A23

梳理一下对话的内容可以看出，A没有表述D计划不可行的原因。而B没有回答A的提问，只是表达了自己的预测，但没有指出原因。此外，B的言外之意是："D计划即使不太可行也不会有大问题。"于是，B在回答中省略了D计划是否可行的相关表述。B认为自己的回答能让对方理解"D计划即使不太可行也不会有大问题"，因此就将其省略。

如果是逻辑性较强的人在聊天，这段对话会变成什么样子呢？请你想象一下。

这段对话可能会变成如下形式：

员工A："D计划不太可行，因为××。"

员工B："我觉得不一定，因为××。即使D计划不太可行，也不会有什么大问题。万一出了问题，社长应该会想办法，之前社长也是这么解决的。"

虽然这段对话并非没有任何逻辑问题，但它已经修复了之前的漏洞，勉强达到了及格线。因为不是正式场合的议论，所以修改成如上形式即可。

虽然这段对话的逻辑并不完美，但对习惯能省则省的人来说，还是会觉得它过于啰唆或解释太多，往往会排斥这种表述方式。但这就是有逻辑性的对话。

认为这么说过于啰唆或解释太多的人需要克服自己的抵触情绪。

文章最后的“我想成为能做到 ×× 的大人”，既不是论点也不是论据，是和逻辑无关的多余内容。这种支离破碎的写作方式是错误的。

多余的内容会让文章和作者看起来没有逻辑。希望习惯这种写作方式的人能够注意规避这种写法。

文章存在的缺陷主要有以下几个方面：

（1）最后的“我认为……”是多余的，使用“我”会给读者一种“我不管别人怎么想，这不关我的事，不要干涉我”的感觉。此外，文章缺少“应该重视农产品工业化生产技术发展”的理由，这也加重了说话人固执己见、一意孤行的感觉。

（2）前面“……其中一些技术可能会危害人类。但我认为……”中，“其中一些技术可能会危害人类”不仅不能支撑结论，甚至和结论没有任何关系。因此，我们需要删除这多余的内容，转而详细阐述“应该重视农产品工业化生产技术发展”的理由。

如果要保留“其中一些技术可能会危害人类”，就需要对技术可能带来的危险进行详细说明，而且结论必须是“不应该重视农产品工业化生产技术发展”。

日本人非常喜欢在文章中特意写上不利于论点的内容，因此需要特别注意。

(3) 文章开头就是“我们必须‘找出’……”，这种表达方式过于唐突。我们必须在前半部分补充说明“我们之前一直未找到……”，才能使文章合理。

（4）此外，前面所述内容很难直接联系到粮食短缺。为了弥补这一漏洞，应该将其修改为“因此引发的粮食短缺问题”。

（5）“为此，我们也有必要……”与前面的内容衔接不上，读者很难理解“为此”的含义。另外，文章没有阐述为什么是“也”有必要。如果这是解决粮食短缺问题的方法之一，可以直截了当地表达出来。这部分内容很难和最后的结论联系起来。文章不仅没有说明为什么只有这种方法可行，而且完全没有依据，都是一些多余的内容。这是最致命的缺陷。

相信读到这里的你已经掌握了衔接前后内容的方法，如果还没有掌握，可以再重新阅读第 6 章和第 10 章。

A26

句子内容分散，传达的主旨不明确。如果要表达山中生活不便，列举优点就显得多余。如果要阐述优点，列举生活不便的例子就显得多余。

需要注意的是，有些人写文章习惯东一句西一句，话题分散使内容支离破碎。特别是在阅读例子后没有感觉到例子有问题的人，尤其要注意这一点。

读文章的缺陷主要有以下几点：

（1）文章要表达的主旨不清晰。无法分辨作者要表达的到底是，“以前所有的孩子毛笔字都写得好，现在所有的孩子毛笔字都写得不好”，还是“以前大部分的孩子毛笔字写得好，现在大部分的孩子毛笔字写得不好”，又或者是“以前的孩子毛笔字写得几乎都很好，现在九成以上的孩子写得都不好”。文章甚至没有提到，以前的孩子毛笔字写得到底好不好，这一点缺陷就让文章失去了价值。

（2）文章逻辑不清晰，让人产生疑问：“难道每天用毛笔写字，字就会写得好吗？”有很多每天用铅笔写字的孩子，字写得依旧不好。事实上，不管是毛笔还是铅笔，要想写好字，必须进行相关练习。然而，文章中缺少了对该疑问的回答。因此，我们必须在文章中说明“每天用毛笔写字，字就会写得好”。当然，前提是这必须属实。

（3）“现在的孩子……”这一部分，没有说明现在的孩子不用毛笔。虽然从文脉中能推测出这一点，但由于这部分说明与逻辑构造有关（详情参照第 4 章），因此不能省略。省略会导致文章逻辑出现较大问题，因此应该把省略的部分写清楚。比如，“现在的孩子都是用手指往屏幕上输入文字，完全不用毛笔，更别说为了让字变好而练习毛笔字了”，等等。

如果要进行上述修改，应该先写上“现在的孩子毛笔字写得不好”，之后再展开详细说明。

如果想要对以前的孩子展开描述，可以先写“与以前的孩子相比，现在的孩子毛笔字写得不好”，再对以前的孩子为什么毛笔字写得好，以及现在的孩子为什么毛笔字写得不好进行说明。

怎么写取决于开篇的论点。我们必须根据论点决定如何改写文章。

写文章时，必须在开头就指出论点，不指出论点就无法展开叙述。先写论点，再写论据，最后展开详细说明。这就是世界通用的议论法。

A28

该文章的缺陷在于主旨不明确。如果“肖邦弹奏的不协和音十分悦耳”是主旨句，那么该段落后续应该对“不协和音十分悦耳”展开详细说明，避免阐述与此无关的内容。

或许你察觉到，这篇文章似乎想要表达的意思是，“钢琴曲的欣赏方式会随时代变化”。如果作者真有此意，就必须在文章中进行明确表述，并把它当作主旨句，之后再展开相关说明。

另外，有很多人可能会回答，该文章最大的缺陷在于错误使用了“然而”，这也是正确的。因为使用“然而”会导致文章主旨不明确。

A29

该句的问题在于，句子前后的因果关系还不足以使用“所以”进行表达，只要简单表述为“我喜欢 ×× 电视节目，我经常看”即可。日本人在用英语写作时，常常过度追求逻辑性。这种表达很不自然，要注意避免。

A30

该句的逻辑很奇怪。因为有些孩子是独生子，但经常和朋友一起玩。由于该句前后没有因果关系，A 使用“所以”来表达是不合适的。

可以简单表述为：

“我是独生子，经常一个人玩。”

A31

该句的问题在于“所以”前后的内容逻辑衔接不上，造成意思不明确，让人产生疑问：“假设这个人特别喜欢泡完澡以后裸体站在镜子前，难道他就会希望全世界的人都喜欢这样做吗？”

之所以会产生这种逻辑问题，是因为为了表达前后的因果关系，作者在句子中设置了“我特别喜欢做的事，不管是什么样的事，我都希望全世界的人也喜欢”这样一种默认的前提。

未来，属于终身学习者

我这辈子遇到的聪明人（来自各行各业的聪明人）没有不每天阅读的——没有，一个都没有。巴菲特读书之多，我读书之多，可能会让你感到吃惊。孩子们都笑话我。他们觉得我是一本长了两条腿的书。

——查理·芒格

互联网改变了信息连接的方式；指数型技术在迅速颠覆着现有的商业世界；人工智能已经开始抢占人类的工作岗位……

未来，到底需要什么样的人才？

改变命运唯一的策略是你要变成终身学习者。未来世界将不再需要单一的技能型人才，而是需要具备完善的知识结构、极强逻辑思考力和高感知力的复合型人才。优秀的人往往通过阅读建立足够强大的抽象思维能力，获得异于众人的思考和整合能力。未来，将属于终身学习者！而阅读必定和终身学习形影不离。

很多人读书，追求的是干货，寻求的是立刻行之有效的解决方案。其实这是一种留在舒适区的阅读方法。在这个充满不确定性的年代，答案不会简单地出现在书里，因为生活根本就没有标准确切的答案，你也不能期望过去的经验能解决未来的问题。

而真正的阅读，应该在书中与智者同行思考，借他们的视角看到世界的多元性，提出比答案更重要的好问题，在不确定的时代中领先起跑。

湛庐阅读 App：与最聪明的人共同进化

有人常常把成本支出的焦点放在书价上，把读完一本书当作阅读的终结。其实不然。

时间是读者付出的最大阅读成本

怎么读是读者面临的最大阅读障碍

“读书破万卷”不仅仅在“万”，更重要的是在“破”！

现在，我们构建了全新的“湛庐阅读”App。它将成为你“破万卷”的新居所。在这里：

- 不用考虑读什么，你可以便捷找到纸书、电子书、有声书和各种声音产品；
- 你可以学会怎么读，你将发现集泛读、通读、精读于一体的阅读解决方案；
- 你会与作者、译者、专家、推荐人和阅读教练相遇，他们是优质思想的发源地；
- 你会与优秀的读者和终身学习者为伍，他们对阅读和学习有着持久的热情和源源不绝的内驱力。

下载湛庐阅读 App，
坚持亲自阅读，
有声书、电子书、阅读服务，
一站获得。

CHEERS

本书阅读资料包

给你便捷、高效、全面的阅读体验

本书参考资料

湛庐独家策划

- ✔ 参考文献
  为了环保、节约纸张，部分图书的参考文献以电子版方式提供
- ✔ 主题书单
  编辑精心推荐的延伸阅读书单，助你开启主题式阅读
- ✔ 图片资料
  提供部分图片的高清彩色原版大图，方便保存和分享

相关阅读服务

终身学习者必备

- ✔ 电子书
  便捷、高效，方便检索，易于携带，随时更新
- ✔ 有声书
  保护视力，随时随地，有温度、有情感地听本书
- ✔ 精读班
  2~4周，最懂这本书的人带你读完、读懂、读透这本好书
- ✔ 课　程
  课程权威专家给你开书单，带你快速浏览一个领域的知识概貌
- ✔ 讲　书
  30分钟，大咖给你讲本书，让你挑书不费劲

湛庐编辑为你独家呈现
助你更好获得书里和书外的思想和智慧，请扫码查收！

（阅读资料包的内容因书而异，最终以湛庐阅读App页面为准）

北京市版权局著作权合同登记号　图字：01-2022-4528 号

图书在版编目（CIP）数据

聪明人的逻辑思考力 /（日）小野田博一著；胡瑞琳译. -- 北京：中国财政经济出版社，2023.1
ISBN 978-7-5223-1832-5

Ⅰ. ①聪…　Ⅱ. ①小…　②胡…　Ⅲ. ①逻辑思维　Ⅳ. ① B804.1

中国国家版本馆 CIP 数据核字（2023）第 003866 号

责任编辑：李昊民　　责任校对：胡永立
封面设计：张志浩　　责任印制：张　健

聪明人的逻辑思考力
CONGMING REN DE LUOJI SIKAO LI

中国财政经济出版社 出版
URL：http://www.cfeph.cn
E-mail:cfeph@cfemg.cn
（**版权所有 翻印必究**）
社址：北京市海淀区阜成路甲 28 号　　邮政编码：100142
营销中心电话：010-88191522
天猫网店：中国财政经济出版社旗舰店
网址：https：//zgczjjcbs.tmall.com
唐山富达印务有限公司印装　　各地新华书店经销
成品尺寸：147mm×210mm　　32 开　　7.375 印张　　98 000 字
2023 年 1 月第 1 版　　2023 年 1 月河北第 1 次印刷
定价：69.90 元
ISBN 978-7-5223-1832-5
（图书出现印装问题，本社负责调换，电话：010-88190548）
本社图书质量投诉电话：010-88190744
打击盗版举报热线：010-88191661　　QQ：2242791300